高等职业教育工程造价专业“十四五”融媒体系列教材

工程造价原理

袁建新　袁　媛　编　著
侯　兰　主　审

中国建筑工业出版社

图书在版编目（CIP）数据

工程造价原理 / 袁建新，袁媛编著 . -- 北京：中国建筑工业出版社，2024. 6. --（高等职业教育工程造价专业“十四五”融媒体系列教材）. -- ISBN 978-7-112-29946-1

Ⅰ . TU723.31

中国国家版本馆 CIP 数据核字第 2024YD7865 号

“工程造价原理”是高等职业教育工程造价专业核心课程。本课程旨在培养学生明确工程造价理论基础、掌握工程造价计价模式，为后续的专业课程打下良好的基础。

本教材作者根据多年的专业教学和行业实践经验，合理设置了教材架构。主要内容包括：我国古代工程造价的起源、国内外工程造价模式介绍、工程造价基础理论、建设工程项目划分、建设工程定额、施工图预算编制等合计 14 章内容。按照职业教育人才培养和知识认识规律，在教材适当位置配置了微课等数字资源，便于学生更好地掌握相关知识。

本教材可作为职业教育工程造价专业及相关专业的课程教材，也可作为行业从业人员的学习、培训和参考用书。

为更好地支持相应课程的教学，我们向采用本书作为教材的教师提供教学课件，有需要者可与出版社联系，邮箱：jckj@cabp.com.cn，电话：010-58337285，建工书院 http://edu.cabplink.com（PC 端）。

责任编辑：吴越恺　张　晶
责任校对：张　颖

高等职业教育工程造价专业“十四五”融媒体系列教材

工程造价原理

袁建新　袁　媛　编　著
侯　兰　主　审

*

中国建筑工业出版社出版、发行（北京海淀三里河路9号）
各地新华书店、建筑书店经销
北京点击世代文化传媒有限公司制版
天津安泰印刷有限公司印刷

*

开本：787毫米×1092毫米　1/16　印张：10½　字数：229千字
2024年8月第一版　2024年8月第一次印刷
定价：**29.00** 元（赠教师课件）
ISBN 978-7-112-29946-1
（42909）

前　言

为什么要通过编制施工图预算或者招标控制价来确定工程造价？工程造价的费用项目是怎样划分的？为什么要这样划分？建设项目是怎样划分的？为什么要这样划分？定额是如何编制的？为什么要这样编制？它们之间有什么内在的逻辑关系？它们在确定工程造价中起到了什么关键作用？《工程造价原理》这本新教材的内容，可以清晰地回答上述问题。

建筑安装工程费用项目划分、建设工程项目划分、计价定额编制这三大核心内容，是工程造价理论的基础。可以说，没有这三大支柱，就没有工程造价。工程造价的全部内容都是建立在这三大核心内容基石之上的。

纵观古今中外，定额是工程项目管理的重要工具，了解其历史演变过程，有助于理解定额是工程管理的客观产物，定额是确定工程造价的核心，现行的工程造价确定方法离不开定额。

《工程造价原理》教材主要由工程造价计价模式、中外定额的起源、工程造价历史沿革、工程造价理论基础、建设项目划分、建设工程定额、建筑产品价格形成、工程造价费用项目划分、施工图预算编制、工程量清单编制、招标控制价编制、工程造价计算方法展望等章节内容构成。《工程造价原理》的核心内容，阐述了工程造价理论基础，能使工程造价学习者知其然知其所以然。

了解中外定额起源，有助于理解定额产生的原因；了解工程造价历史沿革，有助于理解工程造价的历史变化过程；熟悉工程造价理论基础，有助于理解建立工程造价原理的方法；熟悉建设项目划分，有助于理解分解建筑产品组成部分的根本成因；熟悉建设工程定额编制方法，有助于理解定额在确定工程造价中的核心作用；了解建筑产品价格形成过程，有助于理解建筑产品的经济学基础；熟悉工程造价费用项目划分、了解工程造价费用划分的演变过程，有助于把握工程造价费用项目的核心内容；熟悉施工图预算编制原理与方法，有助于理解为什么施工图预算是定额计价模式下确定建筑产品的特殊定价方法；熟悉招标控制价编制原理和方法，有助于理解为什么招标控制价是清单计价模式下确定建筑产品的特殊定价方法；了解工程造价计算方法展望内容，有助于开阔眼界激发工程造价创新思维，推动工程造价计价方法的改进和变革。

本教材由四川建筑职业技术学院袁建新教授和上海城建职业学院袁媛副教授编著。袁媛编写了第6章、第7章内容，其余内容由袁建新编写。四川建筑职业技术学院侯兰副教授任本教材主审。

在本书撰写过程中得到了中国建筑工业出版社的大力支持和帮助，在此表示衷心感谢！

由于编者水平有限，书中错漏之处在所难免，恳请广大读者批评指正。

作　者
2024 年 3 月

目　录

1 概 述

导学

- 工程造价是建筑物的商品价格。
- 两个工程造价计算模式“本是同根生”。
- 定额是工程造价的核心要素。

1.1 工程造价计价模式

1.1.1 计价模式的概念

计价模式也称计价方式，是指在一定的经济体制下，工程造价费用项目划分、工程量计算方法、要素价格、造价计算程序等内容各不相同的计价方式。

目前，我国主要有定额计价模式和清单计价模式两种计价方式。

建筑安装工程费用项目、计价定额、工程量、工程单价和造价计算程序是确定工程造价计价模式的五大要素。

1.1.2 定额计价模式

（1）经济体制

社会主义计划经济体制。

工程造价计价模式概述

（2）费用项目

费用项目构成：直接费、间接费、利润和税金。

（3）定额

可以采用建筑安装工程消耗量定额、计价定额、企业定额。

（4）工程量

按照计价定额项目列出单位工程的工程量项目；依据施工图和统一工程量计算规则计算工程量。

（5）单价

主管部门发布建筑安装工程统一计价定额的人工、材料、机械台班单价，该单价可以按规定调整价差。

（6）计算程序

根据施工图、计价定额和工程量计算规则计算分项工程量；根据工程量和计价定额计算单位工程直接费；根据直接费和间接费费率计算间接费；根据直接费或者人工费和利润率计算利润；根据税前造价和税率计算税金。

将上述四项费用汇总可以得到单位工程造价。

定额计价模式分为单位估价法和实物金额法。上述定额计价模式的内容采用的是单位估价法。实物金额法的不同之处是，采用消耗量定额计算出单位工程人工、材料、机械台班等全部消耗量，然后用这些消耗量分别乘以对应的人工单价、材料单价和机械台班单价，再汇总为单位工程直接费，接着再按照单位估价法的方法计算间接费、利润和税金。

1.1.3 清单计价模式

（1）经济体制

社会主义市场经济体制。

（2）费用项目

费用项目构成：分部分项工程费、措施项目费、其他项目费、规费和税金。

（3）定额

可以采用建筑安装工程消耗量定额、计价定额和企业定额。

（4）工程量

按照相关工程量计算规范项目列出单位工程的分项工程量项目，依据工程量计算规范中的工程量计算规则计算清单工程量，依据计价定额中的统一工程量计算规则计算定额工程量。

（5）单价

参照主管部门发布的人工、材料、机械台班指导价，自主报价。

（6）计算程序

根据施工图和相关工程量计算规范列项并计算清单工程量；根据清单工程量、费用定额和计价定额编制综合单价（其中根据定额人工费和费用定额计算管理费和利润）；根据综合单价和清单工程量计算分部分项工程费；根据措施项目清单工程量和计价定额编制的综合单价计算单价措施项目费；根据相关工程量计算规范和措施项目费费率计算总价措施项目费，根据工程量清单中的其他项目清单确定其他项目清单费；根据单位工程人工费和规费费率计算规费；根据税前造价和税率计算税金。将上述各项费用汇总为单位工程造价。

1.2 确定工程造价的重要基础

划分分项工程项目、编制计价定额和工程造价费用项目划分，是确定工程造价的重要基础。

每一幢建筑物的施工图是不同的，所以依据施工图计算出的工程造价也是不同的。若是完全相同的施工图，由于建造地点的地质条件不同，其基础工程量也是不同的。可以说，没有完全相同的建筑物，这是建筑产品的单件性特性决定的。

建筑产品的单件性与建筑产品价格水平的稳定性，决定了建筑产品定价的特殊性。

建筑产品能像机械产品那样，通过该产品的组合零件分别定价，然后再计算由这些零件组合的机械设备的价格吗？答案是：不可以。因为，无论什么样的建筑产品，都由施工图设计的建筑构件和构造组合而成，每幢建筑物都是不同的。

但是我们可以将不同的建筑物层层分解到相同的建筑构造——分项工程项目，然后编制单位分项工程定额基价（单价），各建筑产品不同的分项工程项目分别乘以相同水平的定额基价，汇总后就可以计算出价格水平一致的建筑工程造价。

因此，划分分项工程项目和编制计价定额项目基价，是确定工程造价的重要基石。

1.2.1 划分分项工程项目

一般情况下，分项工程项目就是工程量项目。

按照施工过程使用的建筑材料、工人工种、施工工艺等不同，且各建筑物能同样出现的项目，就可以划分为一个分项工程项目。

例如，混凝土工完成浇筑混凝土基础工作，普工完成挖基础土方工作，装饰工完成贴外墙面砖工作，木工完成安装木门窗工作等。这些项目都会出现在各建筑工程上，于是就可以将这些工作内容划分为现浇混凝土基础、人工挖基础土方、外墙贴面砖、木门安装等分项工程项目。

1.2.2 编制计价定额

分项工程项目是划分计价定额项目的基础。在编制计价定额时，可以将分项工程项目作为定额项目，也可以根据需要扩大步距，再细分扩大定额项目。

编制计价定额的方法有技术测定法、经验估计法、统计计算法和比较类推法。其中，统计计算法较简单有效，技术测定法较为复杂但更为准确。

单位分项工程价格就是定额基价，就是单位工程量价格。

1.2.3 划分费用项目

定额计价模式下，工程造价的费用项目可以划分为直接费、间接费、利润和税金。清单计价模式下工程造价费用项目可以划分为分部分项工程费、措施项目费、其他项目费、规费和税金。如果有了新的工程造价计价模式，也要划分出不同的工程造价费用项目。

1.2.4 分项工程项目、定额、费用项目三者之间的关系

在编制计价定额时，根据划分的分项工程项目确定定额项目。

在定额计价模式下，反之，根据计价定额项目确定单位工程分项工程项目，然后根据工程量计算规则计算工程量，再根据计价定额基价计算直接费，再按计价费用定额的规定计算利润、税金和汇总工程造价。

在清单计价模式下，根据工程量计算规范确定单位分项工程项目，采用计价定额编制综合单价，然后根据工程量计算规范计算出的清单工程量和综合单价，计算分部分项工程费，再根据清单计价费用定额划分的费用项目，计算措施项目费、其他项目费、规费、税金和汇总工程造价。

2　我国古代工程造价

导学

- 我国在两千多年前就有计算工程量和用定额预算用工的记载。
- 《营造法式》中就有宋代官方颁发的劳动定额和材料消耗量定额。
- 我国古代劳动人民的聪明才智激励着我们编好造价、学好造价。

工程造价计算方法是随着生产力的发展而产生和发展的。我国古代的《考工记》《九章算术》《孙子算经》中就有阐述工程量计算方法和劳动定额的内容。特别是《营造法式》中“功限、料例”内容，详细描述和规定了北宋年间工程营建的劳动定额和材料消耗量定额。

2.1 《考工记》

《考工记》中定额制定方法

《考工记》是中国春秋战国时期（约公元前475年前后）记述官营手工业各工种规范和制造工艺的文献（图2-1）。

这部著作记述了齐国关于手工业各个工种的设计规范和制造工艺，书中保留有先秦大量的手工业生产技术、工艺美术资料，记载了一系列生产管理和营建制度，一定程度上反映了当时的思想观念和生产力状况。

《考工记》的作者不详，多数学者认为《考工记》成书于春秋战国之际，为齐国官书，由齐稷下学宫的学者所作（图2-2）。

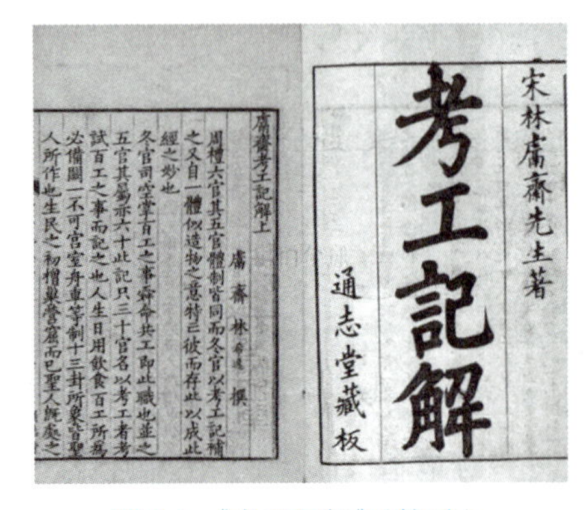
宋林鬳齋先生著
考工記解
通志堂藏板

鬳齋考工記解上
鬳齋 林希逸 撰
周禮六官其五官體制皆同而冬官以考工記補之又自一體似造物之意特已彼而存此以成此經之妙也
冬官司空掌百工之事舜命共工即此職也並之五官其屬亦六十此記只三十官名以考工者考試百工之事而記之也人生日用飲食百工所爲必備闕一不可宮室舟車等制十三卦所象皆聖人所作也生民之初搢巢營窟而已聖人既處之

图2-1 《考工记解》（摘录）

图2-2 稷下学宫

《考工记》内容摘录如下：

原文

“凡沟防，必一日先深之以为式，里为式，然后可以傅众力。”

译文

凡是修筑堤防，一定要以第一天的进度为标准，估计总的施工进度，还要以一里长度施工情况为标准，合计总的施工量，然后可以聚集众人的力量，进行集中施工。

启示

我国春秋战国时期的科学技术名著《考工记》“匠人为沟洫”一节记载了早在2000多年前我们中华民族的先人就已经规定：“凡修筑沟渠堤防，一定要先以匠人一天修筑的进度为参照，再以一里工程所需的匠人数和天数来预算这个工程的劳力，然后方可调配人力，进行施工。”这是人类最早的劳动定额、工程预算与工程施工控制和工程造价控制方法的文字记录。

2.2 《九章算术》

《九章算术》（图2-3）是我国古代著名的数学问题著作，成书年代大约是在公元1世纪的下半叶。《九章算术》作者已不可考，一般认为它是经历代各家的增补修订，而逐渐成为现今定本的。西汉的张苍、耿寿昌曾经做过增补和整理，其时大体已成定本。全书采用问题集的形式，收有246个与生产、生活实践有联系的应用问题。

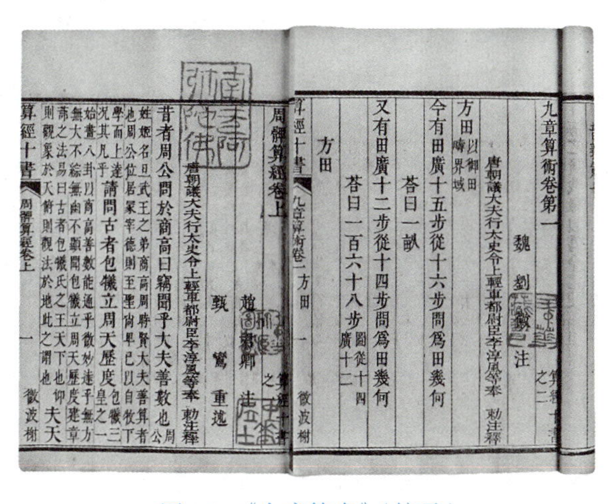
九章算術卷第一
魏 劉徽 注
唐朝議大夫行太史令上輕車都尉臣李淳風等奉 敕注釋
方田 以御田疇界域
今有田廣十五步從十六步問爲田幾何
荅曰一畝
又有田廣十二步從十四步問爲田幾何
荅曰一百六十八步 圖從十四廣十二
方田

周髀算經卷上
趙君卿 注
甄鸞 重述
唐朝議大夫行太史令上輕車都尉臣李淳風等奉 敕注釋
昔者周公問於商高曰竊聞乎大夫善數也
請問古者包犧立周天歷度

图2-3 《九章算术》（摘录）

《九章算术》内容摘录如下：

原文

“今有沟上广一丈五尺，下广一丈，深五尺，袤（mào）七丈。问积几何？

答曰：四千三百七十五尺。

春程人功[①]七百六十六尺，并出土功五分之一，定功[②]六百一十二尺、五分尺之四。问用徒几何？

答曰：七人三千六十四分人之四百二十七。

术曰：置本人功[③]，去其五分之一，余为法。以沟积尺为实。实如法而一，得用徒人数。”

译文

今有沟渠上宽 1 丈 5 尺，下宽 1 丈，深 5 尺，长度 7 丈。问这段沟渠的容积是多少？

答：容积为 4375 立方尺。

春季规定每人每日的工程量为 766 立方尺，加上运泥土的工程量按 1/5 折算，其余 612（4/5）立方尺是挖土量，问挖土需要多少人？

答：需用劳力 7 人。

算法：将原定每人每日的工程量，减去 1/5，取余数为除数；以水沟容积的立方尺数为被除数。用除数去除被除数，即得所需人数。

沟容积 =（15+10）尺 ×1/2×5 尺 ×70 尺 =4375 立方尺

$$挖土人数=\frac{4375\ 立方尺}{\left(1-\frac{1}{5}\right)\times 766\ 立方尺/人}=7\frac{427}{3064}人$$

启示

①春程人功：春季所规定的每人每日的工程量。

②定功：所能确定的工程量。由于每日每人的总工程量是 766 立方尺，而运泥土的工程量为总工程量的 1/5，那么挖泥土的工程量就可以确定，故称定功。

③置本人功：原来规定的每人一日的工程定量，未减去运土等工作量。

上述“4375 立方尺”就是计算的工程量；“766 立方尺 / 人”就是劳动定额（产量定额）。

2.3 《孙子算经》

《孙子算经》中的工程量与定额

《孙子算经》（图 2-4）是中国古代重要的数学著作，成书大约在公元四世纪（约 1500 年前）。作者孙子，公元四世纪时人，生平不详。

《孙子算经》现传本分上、中、下三卷。上卷叙述度量衡制度、筹算记数和筹算乘除算法；中卷举例说明筹算分数算法、开平方和面积、体积计算；下卷主要讲解各种应用问题。中、下两卷共有各类算题 64 题，大家所熟知的“鸡兔同笼”问题便出自该书。《孙子算经》记载了最早的工程量计算方法和用工数量计算方法。

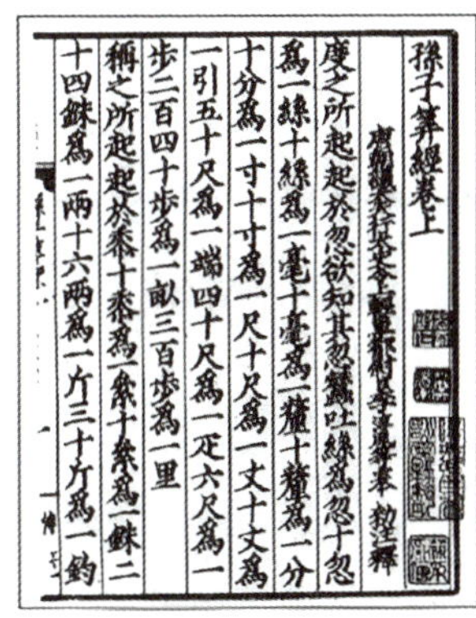

孫子算經卷上

度之所起起於忽欲知其忽蠶吐絲爲忽十忽爲一絲十絲爲一毫十毫爲一氂十氂爲一分十分爲一寸十寸爲一尺十尺爲一丈十丈爲一引五十尺爲一端四十尺爲一疋六尺爲一步二百四十步爲一畝三百步爲一里

稱之所起起於黍十黍爲一絫十絫爲一銖二十四銖爲一兩十六兩爲一斤三十斤爲一鈞

图 2-4 《孙子算经》（摘录）

原文

“今有筑城，上广二丈，下广五丈四尺，高三丈八尺，长五千五百五十尺。秋程人功三百尺，问须功几何？”。

译文

今有筑城，上宽 20 尺，下宽 54 尺，高 38 尺，长 5550 尺，秋季每人每天的工程量是 300 立方尺，问需要多少个工日？

启示

按题意得出：

筑城工程量 =（20+54）尺 ×1/2 ×38 尺 ×5550 尺 =7803300 立方尺；

筑城工日 = 7803300 立方尺 ÷300 立方尺 / 工日 =26011 工日

这里的“7803300 立方尺”就是工程量，300 立方尺 / 工日就是劳动定额（产量定额）。

2.4 《数书九章》

《数书九章》（图 2-5）原名为《数术大略》。此书的作者乃是南宋秦九韶（1208—1261 年）。元代人称之为《数学九章》，又有人改九卷为十八卷，并于明代初期收入《永乐大典》。明代王应遴从《永乐大典》抄录时，便定名为《数书九章》。

《数书九章》中有“估工”题例“堂隍程筑”：

原文

“有营造地基，长二十一丈，阔一十七丈，先令七人筑坚三丈，计功二日，今涓吉立木有日，欲限三日筑了，每日合收杵手几何？”

译文

此道题给出了工程量、功限和工期，求“杵手”数量。地基“长二十一丈，阔一十七丈”，即工程土方量为 357 平方丈。“先令七人筑坚三丈，计功二日”，即通过试验得出功限：1 平方丈需 14/3 工。由上两项可算出筑基工作量以工日衡量为 1739.5 功。“欲限三日筑了”即限定了工期为 3 天，故每日合杵手：1739.5/3=579.8 人。

數書九章十八卷

數書九章卷第一　大衍類　魯郡　秦九韶

蓍卦發微

問易曰大衍之數五十其用四十有九又曰分而爲二以象兩掛一以象三揲之以四以象四時三變而成爻十有八變而成卦欲知所衍之術及其數各幾何

荅曰衍母一十二　衍法三

一元衍數二十四　二元衍數一十二

三元衍數八　四元衍數六

已上四位衍數計五十

一揲用數一十二　二揲用數二十四

图 2-5 《数书九章》（摘录）

2.5 《营造法式》

2.5.1 概述

《营造法式》共 34 卷，是一部记录中国古代建筑营造规范的著作。该书始编于北宋熙宁年间（1068—1077 年），元祐六年（1091 年）成书。绍圣四年（1097 年）李诫（图 2-6）奉敕重修，元符三年（1100 年）修订完毕，并经御览，于崇宁二年（1103 年）刊行全国。

（a）　（b）

图 2-6 《营造法式》示意及其作者李诫

全书分为总释总例、各作制度、功限、料例、图样五大部分，共 357 篇，3355 条。

第 16 ~ 25 卷按照各种制度的内容，规定了各工种制作构件的劳动定额和计算方法（功限），各工种所需辅助工数量，以及舟、车、人力等运输所需装卸、架放、牵拽等工额。最可贵的是其记录下了当时测定各种材料的密度。

第 26 ~ 28 卷规定各工种的用料定额，是为“料例”，其中或以材料为准，如例举当时木料规格，注明适用于何种构件；或以工程项目为准，如粉刷墙面（红色），每一方丈干后厚 1.3 分，需用石灰、赤土、土朱各若干公斤。

卷 28 之末附有“诸作等第”一篇，将各项工程按其性质要求，制作难易，各分上、中、下三等，以便施工调配适合工匠。

2.5.2 功程

《营造法式》在北宋刊行的最现实意义是严格的工料限定。该书是王安石执政期间制订的各种财政、经济的有关条例之一，以杜绝贪腐现象。因此书中以大量篇幅叙述功限和料例。

例如，对计算劳动定额，首先按四季日的长短分中工（春、秋）、长工（夏）和短工（冬）。工值以中工为准，长短工各减和增 10%，军工和雇工也有不同定额。

其次，对每一工种的构件，按照等级、大小和质量要求——如运输距离，水流的顺流或逆流，加工木材的软硬等，都规定了工值的计算方法。

料例部分对于各种材料的消耗都有详尽而具体的定额。这些规定为编制预算和施工组织计划订出严格的标准，既便于生产，也便于检查，有效地杜绝了土木工程中贪污、盗窃等现象。

《营造法式》中的人功限如今为劳动定额，规定了一个功（工）完成所需劳动对象的数量，即人工产量定额。

《营造法式》内容摘要如下：

原文

看详：——夏至日长，有六十刻[①]者。冬至日短，有止于四十刻者。若一等定功，则枉弃日刻甚多。今按《唐六典》修立下条。

诸称“功”者，谓中功，以十分为率；长功加一分，短功减一分。

诸称“长功”者，谓四月、五月、六月、七月；“中功”谓二月、三月、八月、九月；“短功”谓十月、十一月、十二月、正月。

注释

①刻：古代把一天分为一百刻，一刻等于今天的14.4分钟。

译文

看详：夏至日白天最长，有长到六十刻的时间。冬至日白天最短，有短至四十刻的时间。如今按照《唐六典》的规定，制定以下条例。

所有工作称为“功”的，都指的是中功，以十分为标准；长功加一分，短功减一分。

所有称为“长功”的，指的是四月、五月、六月、七月；“中功”指的是二月、三月、八月、九月；“短功”指的是十月、十一月、十二月、正月。

2.5.3 功限

1. 筑基功限

卷第十六：壕寨功限第二条。

原文

诸殿、阁、堂、廊等基址[①]开挖，出土在内，若去岸一丈以上，即别计般土功。方八十尺，谓每长、广、深、方各一尺为计。就土铺垫打筑六十尺，各一功。若用碎砖瓦、石札者，其功加倍。

注释

①基址：建筑物的基础，即地基。

译文

各类殿、阁、堂、廊等地基的开掘（出土在地基之内，假如距离搬运地点在一丈以上，那么搬运泥土的功则另外计算），八十立方尺（各用一尺来计算长度、宽度、深度、方长），就地铺填打筑六十立方尺，各为一功。假如有能够利用碎砖瓦、石札来铺填的人，其功就要加倍。

说明

①该定额的工程量计量单位是立方尺（宋一尺约等于31.68cm），约等于$0.0318m^3$。②利用碎砖瓦、石札来铺填定额用工乘以2，即利用系数扩展定额。

上述基础土方工程用现在的劳动定额可以表达如下（表2-1）。

土方工程劳动定额　　表2-1

工作内容：挖土、堆放基础边一丈以内。　　单位：一百立方尺

定额编号			16-1	16-2	16-3
名称		单位	挖基础土方	人工回填土	碎砖瓦回填
人工	普工	工日	1.25	1.67	3.34

《营造法式》中的劳动定额

2. 地面石功限

卷第十六：石作功限第五条。

原文

地面石、压阑石：

安砌功：每一段，长三尺，广二尺，厚六寸，一功。

雕镌功：压阑石一段，阶头广六寸，长三尺，造剔地起突龙凤间华，二十功；若龙凤间云纹，减二功。造压地隐起华，减一十六功；造减地平钑华，减一十八功。

译文

地面石、压阑石：

安砌功：安砌一段地面石，长三尺，宽二尺，厚六寸，计算一功。

雕镌功：一段压阑石，阶头宽度为六寸，长度为三尺，做剔地起突龙凤，间杂花纹，为二十功；假如龙凤中有云纹夹杂其中，减二功。龙凤中有压地隐起花纹夹杂其中，减十六功；龙凤中有减地平钑花纹夹杂其中，减十八功。

上述安砌和雕镌工程用现在的劳动定额可以表达如下（表2-2）。

安砌地面石雕镌压阑石劳动定额　　表2-2

工作内容：安砌地面石、压阑石雕镌。　　单位：十平方尺

定额编号			16-4	16-5	16-6
名称		单位	安砌地面石（厚六寸）	压阑石雕镌	压阑石雕镌（龙凤云纹夹杂）
人工	砖工	工日	1.67	—	—
	雕镌工	工日	—	111.11	100.00

2.5.4 料例

卷第二十七：第一条泥作。

原文

每方一丈：

红石灰：干厚一分三厘；下至破灰同。

石灰三十斤；非殿阁等，加四斤；若用矿灰，减五分之一；下同。赤土，二十三斤；土朱，一十斤。非殿阁等，减四斤。

黄石灰：石灰，四十七斤四两；黄土，一十五斤十二两。

破灰：石灰，二十斤；白蔑土，一担半；麦麸，一十八斤。

译文

每面一丈：

红石灰：干后的厚度为一分三厘；以下到破灰都与此相同。需三十斤石灰（假如不是殿阁等建筑，则加四斤石灰；如果用矿灰，就减去五分之一；以下与此相同）。需二十三斤赤土；需十斤土朱（假如不是殿阁等建筑，则减去四斤土朱）。

黄石灰：需四十七斤四两石灰；需十五斤十二两黄土。

破灰：需二十斤石灰；一担半白蔑土；十八斤麦麸。

《营造法式》
中的材料
消耗量定额

上述泥作料例，用现在的材料消耗量定额可以表达如下（表 2-3）。

泥作料例材料消耗量定额　　表 2-3

工作内容：抹灰面干厚一分三厘。　　单位：一平方丈

定额编号			27-1	27-2	27-3
名称		单位	红石灰	黄石灰	破灰
材料	石灰	斤	30.00	47 斤 4 两	20.00
	赤土	斤	23.00	—	—
	土朱	斤	10.00	—	—
	黄土	斤	—	15 斤 12 两	—
	白蔑土	担	—	—	1.50
	麦麸	斤	—	—	18.00

注：土朱是一种红色矿石，可作药用，亦可作颜料。

3　国外工程造价

导学

- 我国社会主义市场经济体制下的工程造价受国外工程造价体制的影响。
- 吸收的工程量清单项目划分及编码方法与国际工程造价计算规则同步。
- 国外没有政府颁发定额或者企业编制定额及人材机单价的方法。对此我们怎样看待?

3.1　英国工程造价

3.1.1　工程建设主要步骤

1. 立项评估

业主形成建设意向（决定在某地块开发项目从事建设活动），然后向建筑师阐明建筑要求和投资限额。

这一阶段需要业主、工料测量师、建筑师、工程师、银行家和律师参与，通过多次会议讨论研究有关问题并对项目进行评估。

2. 设计

由业主指定建筑师对项目进行可行性研究，根据业主提出的方案结合拟建项目的功能、造价、质量和工期等要求开展设计工作。

根据初步设计图纸和技术说明书，由工料测量师编制工程量清单（工程量表）。建筑师审查初步设计文件和预算。初步设计确定后，开始技术设计，并编制更加详细的工程量清单。

3. 编制招标及合同文件

什么是工料测量师

由业主的咨询团队（建筑师、工程师、工料测量师）负责确定建设费用、工期和符合市场行情且适合本项目的合同类型。

4. 招标投标和预算

通过公开招标或邀请招标等招标方式，将编制的招标文件、合同格式文件分发给业主挑选的承包商。承包商估价师根据上述文件和工程量清单，编制投标报价，对该工程进行投标。

5. 施工

中标的承包商按照业主提供的设计图纸和技术规范进行施工。在施工过程中承包商的项目经理要与业主、建筑师、工程师、工料测量师密切合作，完成好工程建设任务。

6. 交付使用

工程完工后，移交业主进行工程验收。由建造师代理业主核实该建筑物及其服务设施的性能是否达到业主的预期目标。建筑师对今后工程的维护工作进行必要的指导，并向业主交付建筑物及服务设施的竣工图纸。

我国建设项目建设步骤的有关内容与英国的工程建设步骤大致相同。

3.1.2 工程建设费用构成

1. 建设费用构成

在英国，一个工程项目的费用从业主的角度出发由以下费用项目组成：

（1）土地购置或租赁费；

（2）现场清理及场地准备费；

（3）工程费；

（4）永久设备购置费；

（5）设计费；

（6）财务费用（贷款利息等）；

（7）法定费用（支付政府的费用、税收等）；

（8）其他（广告费等）。

2. 工程费构成

上述“（3）工程费”由以下三部分费用构成：

（1）直接费

直接费是指分部分项工程的人工费、材料费和施工机械费。直接费还包括材料二次搬运费和损耗费、机械搁置费、临时工程的安装拆除费用。

（2）现场费

现场费主要包括驻现场职员的交通费、福利、现场办公费用、保险费及保函费等。

（3）管理费和利润

管理费和利润包括现场管理费和公司总部管理费，估计到发生亏损的可能性加入的风险费以及利润等。

3.1.3 工程量计算规则

英国皇家特许测量师学会（RICS）于1922年出版了第一版《建筑工程工程量标准计算规则》（SMM），后几次修订出版，1988年7月1日正式发布了第七版，即SMM7，1998年再次进行了修订，在英国和英联邦国家中广泛使用。

SMM7包括地基、现浇混凝土及预制混凝土工程、砌筑工程、砖石工程、防水工程、门窗及楼梯工程、饰面工程、管道工程等，共有23个分部的工程量计算规则。

3.1.4 工程量清单

1. 工程量清单的作用

工程量清单的主要作用是为投标人提供平等的报价基础。清单提供了精确的工程量数量和质量要求，让每一个参与竞标的承包商根据自身的情况进行报价。工程量清单是招标文件的组成部分也是合同的组成部分。

2. 工程量清单的内容组成

（1）开办费

开办费包括业主方面要求产生的费用，如项目管理费和现场安全保护费用等；承包商方面要求产生的费用，如现场管理和工作人员的费用、环境保护方面的费用等。

（2）分部分项工程概要

分部分项工程概要包括对人工、材料等的要求和质量检查的具体内容。

（3）工程量部分

无论何种形式的建筑，把其具有相同功能的分项工程聚合在一起，可以使工程量清单与施工图很快地对照起来。

（4）暂定金额和主要成本

如果设计尚未全部完成，招标人不能精确地描述这一部分分部分项工程项目，应给出项目名称，用暂定金额编入工程量清单。在 SMM7 中有确定项目的暂定金额和不确定项目的暂定金额两种形式。

3.2 美国工程造价

3.2.1 工程项目造价构成

美国承包商的投标报价由工程成本和利润两部分费用构成。

实施一项工程需要的成本被分为直接成本和间接成本。直接成本是与要完成的特定工程有关的所有成本费用；间接成本为除了要完成特定工程有关的成本费用以外的成本费用。

一项工程的直接成本和间接成本被分解为五个基本单元，分别是：人工费、材料费、施工设备使用费、分包费用、服务和其他费用，其中服务和其他费用包括工地管理费、许可证费用、税款和保险费等。

3.2.2 估价依据

美国没有由政府部门统一发布的工程量计算规则和工程计价定额。可以根据专业协会、大型工程咨询顾问公司、政府有关部门出版的大量商业出版物进行估价，例如，国家电气承包商协会（NECA）出版的《人工单价手册》。美国各地政府也会在对上述资料综合分析基础上，定时发布工程成本指南材料。

3.2.3 项目编码

在美国的估价体系中有一个非常重要的做法，就是统一了工程成本编码。所谓工程成本编码是将工程项目按其工艺特征划分为若干个分项工程项目，给每个项目编一个专用的编码，作为该分项工程的代码。

我国工程量清单项目编码的做法，与美国工程造价管理项目编码的方法基本相同。

3.3 日本工程造价

3.3.1 工程造价构成

日本的建筑工程造价一般由纯工程费、临时设施费、现场经费、一般管理费和消费税等费用构成。

3.3.2 工程量计算规则

日本建筑积算研究会编制了《建筑数量积算基准》，即工程量计算规则。

《建筑数量积算基准》规定了工程量计算的方法、度量单位和基本计量规则。

该基准被政府公共工程和民间（私人）工程同时采用。所有建筑工程一般先由建筑积算人员按《建筑数量积算基准》计算工程量。基准将工程量项目按照种目、科目、细目进行分类，细目相当于分项工程项目。

3.3.3 工程计价标准

由日本公共建筑协会组织编制的《建设省建筑工程积算基准》中制定了一套《建筑工程标准定额》（消耗量定额）。

《建筑工程标准定额》将建筑工程按科目分类，包括分为临时设施、土石方工程、基础工程、混凝土工程、模板工程和钢筋工程等科目。

对于每一细目（分项工程项目）以列表的形式列出单位分项工程的人工、材料、机械台班的标准消耗量及其他经费（例如分包经费），然后根据劳务、材料、施工机械台班的市场价格，计算出细目的各项费用，进而计算出整个工程项目的纯工程费。

对于临时设施费、现场经费和管理费按实际成本计算，或者根据过去的经验数据，按照纯工程费的比例计算。

3.3.4 日本的价格管理

日本的建筑行业市场化程度非常高，其建筑工程造价中的人工、材料等单价是参照市场价确定的。

隶属于日本官方机构的“经济调查会”和“建设物价调查会”专门负责调查相关经济数据和指标。这些数据来自与建筑工程造价有关的刊物，例如《建设物价》（杂志）、《积算资料》（月刊）等。

该委员会还受托对使用“积算基准”的情况进行调查，即调查土木、建筑、电气等工程的定额及各种费用的实际情况，报告市场建筑材料和劳务价格。价格资料来源于各地商社、建材店、货场或施工现场。

利用这种方法编制的工程预算比较符合实际，体现了“市场定价”的原则。

综上所述，国外工程造价的定价方法，基本上包含了分项工程项目划分、费用项目划分和计价定额编制以及类似消耗量和工程单价的指导价等内容。与我国工程造价管理的上述内容比较，有较多的相似之处。

4 我国工程造价

导学

- 中华人民共和国成立初期学习苏联基本建设预算制度是历史的必然。
- 早期的预算定额是狭义计价定额的前身和基础。
- 从我国计价定额沿革及发展历程看到了我国经济体制的改革和变化进程，社会主义市场经济体制的建立是历史的必然。

4.1 概述

我国的基本建设概预算制度是在党的正确领导下，借鉴苏联基本建设概预算制度，随着我国基本建设事业的发展和经济体制改革而逐步建立与健全起来的。

在国民经济恢复时期，我国的建设项目基本是实报实销。20 世纪 50 年代中期，国家建委颁发了《基本建设预算编制办法》，陆续制定了《建筑工程预算定额》《建筑工程概算指标》《建筑材料预算价格》《其它工程和费用的定额》等标准，初步建立了社会主义计划经济概预算制度。

中华人民共和国成立后至 20 世纪 60、70 年代，我国工程造价一直采用定额计价模式，政府统一制定预算定额消耗量和人、材、机单价，来确定建筑产品的计划价格。

1979 年（改革开放以后）至 2003 年，工程造价进入了“概预算定额计价模式”向“工程量清单计价模式”的过渡时期，即“量价统一”向“量价分离”过渡的阶段。

随着社会主义市场经济不断发展，我国不断从国外工程造价管理经验中汲取精华、取长补短，为此国家提出了“控制量、放开价”引入竞争机制的基本思路。

2003 年至今，工程造价进入了工程量清单计价模式，工程造价的管理机制，真正与国际工程造价管理方法接轨。

国家强制性要求国有资金投资或者国有资金投资为主的建设工程项目必须采用工程量清单计价模式计价并进行招投标。

国家以发布计价定额和生产要素指导价为前提，充分发挥市场竞争机制来确定工程造价，这是社会主义市场经济阶段的客观要求。

4.2 预算定额

我国的预算定额编制方法是在通过学习苏联基本建设预算制度的基础上，结合我国的国情建立起来的。

4.2.1 苏联预算定额

20 世纪 50 年代初我国引进了苏联的预算定额。那个时候我们国家全面向社会主义国家苏联学习社会主义计划经济制度，包括学习基本建设制度。我国从 20 世纪 50 年代一直沿用到 70、80 年代的“基本建设”术语，就是从苏联传入的。

苏联预算定额管窥

1952 年苏联矿山掘进工程预算定额摘录见表 4-1。

苏联矿山掘进工程预算定额摘录　　表 4-1

第 31 节　混凝土墙基础　A. 在水平巷道　　100 m³ 混凝土定额

序号	消费项目名称	单位	基础的宽度小于（m）			
			0.3		0.5	
			岩石分类			
			Ⅷ—Ⅶ	Ⅵ	Ⅷ—Ⅶ	Ⅵ
1	劳动力 人工等级	工日 —	200 5.8	205 5.8	165 5.6	170 5.6
2	重型风钻	台班	57	—	32.9	—
3	中型风钻	台班	—	60	—	34.7
4	风镐	台班	—	—	—	—
5	其他机械	%	3	7	4	7
6	混凝土	m³	104	104	104	104
7	炸药	公斤	105	95	150	95
8	电雷管	个	1045	1000	600	579
9	爆破电线	m	2612	2500	1500	1448
10	合金钢	公斤	0.94	—	0.94	—
11	支柱	m³	—	—	—	—
12	衬帮背板	m³	—	—	—	—
13	其他材料	%	1	3	1	3

4.2.2 我国第一部预算定额（草案）

1955 年，中华人民共和国国家建设委员会颁发了《一九五五年度建筑工程设计预算定额（草案）》，摘录其中的“砖基础及墙”项目的定额见表 4-2。

《一九五五年度建筑工程设计预算定额（草案）》摘录　　　　表 4-2

砖基础及墙

工程内容：略　　　　　　　　　　　　　　　　　　单位：每 10 立方公尺实砌体

顺序号	项目	单位	基础		墙身					
					二层以下建筑物					
			二层以下建筑物	三层以上建筑物	一砖半以下			一砖半及一砖半以上		
					平墙	带艺术形式		平墙	带艺术形式	
						普通及中等	复杂		普通及中等	复杂
			1	2	3	4	5	6	7	8
1	砌砖工	工日	2.68	2.68	4.48	4.47	5.15	3.75	4.00	4.32
2	普通工	工日	4.11	4.05	6.67	7.10	7.67	6.68	7.11	7.68
	合计	工日	6.79	6.73	11.15	11.87	12.82	10.43	11.11	12.00
	折合一级工	工日	9.40	9.31	16.66	17.74	19.16	14.90	15.85	17.15
3	红（青）砖	块	5342	5342	5431	5458	5485	5355	5382	5409
4	50 号砂浆	立方公尺	—	（2.51）	—	—	—	—	—	—
5	25 号砂浆	立方公尺	（2.51）	—	—	—	—	—	—	—
6	1∶2.5 石灰砂浆	立方公尺	—	—	（2.41）	（2.41）	（2.41）	（2.50）	（2.50）	（2.50）
7	200 号水泥	公斤	472	891	—	—	—	—	—	—
8	砂	立方公尺	2.66	2.66	2.39	2.39	2.39	2.48	2.48	2.48
9	生石灰	公斤	167	—	561	561	561	582	582	582
10	石灰膏	立方公尺	（0.279）	—	（0.935）	（0.935）	（0.935）	（0.970）	（0.970）	（0.970）
11	水	立方公尺	3.8	3.0	4.0	4.0	4.0	4.0	4.0	4.0
质量		1	18.92	18.19	18.23	18.37	18.51	18.18	18.32	18.46
基价		千元	2902.64	3090.82	2825.09	2848.45	2875.59	2786.74	2806.66	2834.46
地区价格		千元	—	—	—	—	—	—	—	—

注：金额单位千元是中华人民共和国成立初期第一套人民币发行的计量单位。

该定额的显著特点是既表现了人工、材料消耗量又反映了定额基价。其缺点是没有单价，看不出基价是怎样算出来的；优点是在表格的最后一行还可以填入地区价格，方便各地区使用该定额。

4.2.3 我国第一部概算指标

1955 年，国家建设委员会关于颁发《一九五五年度建筑工程概算指标（草案）》（图 4-1）

时的通知摘录如下：

“为了逐步健全国家基本建设的设计预算制度，急需有全国统一的建筑工程设计预算定额与概算指标，作为编审建筑工程设计预算和概算的依据。为此本委曾颁发‘一九五五年度建筑工程设计预算定额（草案）’（图 4-2），现又颁发‘一九五五年度建筑工程概算指标（草案）’，要求国务院各部、各省（市）及其所属各单位编制工业与民用的新建工程概预算时即试用。”

图 4-1 《一九五五年度建筑工程概算指标（草案）》

图 4-2 《一九五五年度建筑工程设计预算定额（草案）》

我国颁发的《一九五五年度建筑工程设计预算定额（草案）》和《一九五五年度建筑工程概算指标（草案）》的意义重大，不但填补了概预算定额的空白，满足了国家基本建设概预算管理的需要，而且还为今后通过实践修订概预算定额打下了良好的基础。

4.2.4 我国第一部正式预算定额

1956 年，国家建设委员会颁发了第一部正式的建筑工程预算定额。为什么要颁发这一定额？定额修订的主要内容有哪些？这可以从颁发时国家建设委员会的通知中得到答案。

通知指出：“《一九五五年度建筑工程设计预算定额（草案）》自颁发试行以来，对建立与健全建设预算制度起了很大的作用，但其中亦存在着许多缺点，主要的是：定额项目不全。定额的规定有的不够明确，项目划分有的太细等。为了弥补这些缺点给细化预算的编制工作创造条件，本委会同各有关单位根据 1956 年度建筑安装工程统一施工定额、建筑安装工程施工及验收暂行技术规范、现行的标准设计及其他经济的设计资料等，对《一九五五年度建筑工程设计预算定额（草案）》进行了全面的修订与补充，编制成‘建筑工程预算定额’”。

4.2.5 我国工程计价定额发展回顾

我国 20 世纪
50 年代
预算定额

1. 国民经济恢复时期（1949—1952 年）

这一时期是我国劳动定额工作创立阶段，主要是建立定额机构、开展劳动定额试点工作。1951 年，制定了东北地区统一劳动定额；1952 年前后，华东、华北等地相继制定了劳动定额或工料消耗量定额。

2. 第一个五年计划时期（1953—1957 年）

中华人民共和国成立后我们全面学习了苏联的经验，采用了他们的社会主义计划经济模式，引进苏联基本建设预算和预算定额经验及做法也是水到渠成的事情。

随着大规模社会主义经济建设的开始，为了加强企业管理，推行了计件工作制，建筑工程定额得到充分应用和迅速发展。

国家建设委员会颁发的《一九五五年度建筑工程设计预算定额（草案）》就表明我国有了自己的预算定额。

通过《一九五五年度建筑工程设计预算定额（草案）》的试行，积累了一定的经验和数据，于是 1956 年国家建设委员会颁发了自 1957 年 1 月 1 日起执行的《建筑工程预算定额》，这标志着我国的预算定额已经成功起步。

20 世纪 50 年代，一些地区根据 1956 年国家建设委员会颁发的《建筑工程预算定额》编制了地方预算定额。例如，1959 年河南省建设委员会颁发了《河南省建筑工程预算定额》。

3. 计划经济全面实行时期（1958—1976 年）

1958 年开始的第二个五年计划期间，撤销了一切定额机构。

到 1960 年，建筑业实行计件工资的工人占生产工人的比例不到 5%。直至 1962 年，当时的建筑工程部又正式修订颁发全国建筑安装工程统一劳动定额，才逐步恢复定额制度。

20 世纪 60 年代前期我国将预算定额制度推广到了国家其他各个专业部，例如，1961 年铁道部编制和颁发了《铁路工程预算定额》；1963 年煤炭工业部颁发了《井巷建筑工程预算定额》和《矿山机电设备安装工程预算》等。

1967—1976 年，强调以平均主义代替按劳分配，将劳动定额看成是“管、卡、压”，定额制度不再执行，建筑业全行业亏损。在此期间各级建设工程造价管理机构取消，有关建设工程造价管理制度被破坏，造成了“设计无概算，施工无预算，竣工无决算，投资大敞口，花钱大撒手”的状况。

1966 年，国家计委、国家建委、财政部以（66）基施字 276 号文发出《关于建工部直属施工队伍经常费用开支暂行办法的复文》，规定工程完工后由施工单位向建设单位实报实销相关费用，造成投资失控及损失浪费严重的局面。

1972 年，有关主管部门在总结经验教训的基础上，提出从 1973 年 1 月 1 日起停止执行经常费制度，重新恢复建设单位与施工单位之间按施工图预算结算的制度。

1972 年，国务院批准试行国家计委、国家建委、财政部《关于加强基本建设管理的几项意见》，强调“设计必须有概算，施工必须有预算，没有编好初步设计和工程概算的建设项目，不能列入年度基本建设计划”，提出“努力降低工程造价，积极进行基本建设投资大包干试点”。

例如，1972 年四川省在原 1962 年省预算定额的基础上修订颁发了《建筑工程预算定额》；1972 年福建省也颁发了《建筑工程预算定额》。

4. 国民经济发展时期（1977—1987 年）

1979 年后，我国国民经济得到恢复和发展。1979 年国家重新颁发了《建筑安装工程统一劳动定额》。

我国 20 世纪 70 年代预算定额

1979 年修订的统一劳动定额规定“地方和企业可以针对统一劳动定额中的缺项，编制本地区、本企业的补充定额，并可在一定范围内结合地区的具体情况作适当调整。”

1977 年 6 月 20 日国家基本建设委员会印制了内部发行的《通用设备安装工程预算定额》（共九册）。

1977 年北京市革命委员会基本建设委员会颁发了《建筑安装工程预算定额（含土建工程和安装工程）》。

1978 年煤炭工业部颁发了《矿山地面建筑工程预算定额（试行）》。

1978 年国家计委、国家建委、财政部（78）建发设字第 386 号、（78）财基字第 534 号关于试行《关于加强基本建设概、预、决算管理工作的几项规定》的通知中规定：“（1）采用三阶段设计的，技术设计阶段，必须编制修正总概算。单位工程开工前，必须编制出施工图预算。建设项目或单项工程竣工后，必须及时编制竣工决算。（2）设计概算由设计单位负责编制。（3）施工图预算由施工单位负责编制。（4）竣工决算由建设单位负责编制。（5）设计单位必须严格按照批准的初步设计和总概算进行施工图设计。要坚决纠正施工图设计不算经济账的倾向。”

1980 年冶金工业部颁发了《冶金建筑安装工程专用预算定额》（80）冶基字 1199 号；1981 年国家建委审批了煤炭工业部编制的《矿山井巷工程预算定额》（81）建发设字 473 号；1982 年交通部颁发了《公路工程预算定额》（82）交公路字 713 号；1983 年铁道部颁发了《铁路工程预算定额》（83）铁基字 1633 号；1985 年《国家计划委员会、中国人民建设银行关于印发〈关于改进工程建设概预算定额管理工作的若干规定〉的通知》（计标[1985]352 号）中指出“对于实行招标承包制的工程，施工企业投标报价时，对各项定额可以适当浮动”。

1986 年财政部（86）财税字第 076 号《关于对国营建筑安装企业承包工程的收入恢复征收营业税通知》发布。

1986 年，城乡建设环境保护部修订颁发了《建筑安装工程统一劳动定额》。

1987 年 9 月 11 日国务院发布《中华人民共和国价格管理条例》中指出："制定价格……应当有明确的质量标准或等级规格标准，实行按质定价""国家指导价是指……通过规定基准价和浮动幅度、差率、利润率、最高限价和最低保护价等，指导企业制定的商品价格和收费标准"。

1988 年，建设部颁发了《市政工程预算定额（试行）》（88）建标字第 234 号文。

5. 预算定额改革起步时期（1988—1995 年）

1988 年，国家计委颁发的《印发〈关于控制建设工程造价的若干规定〉的通知》（计标 [1988]30 号）中明确"工程造价的确定必须考虑影响造价的动态因素。""为充分发挥市场机制、竞争机制的作用，促使施工企业提高经营管理水平，对于实行招标承包制的工程，将原施工管理费和远地施工增加费、计划利润等费率改为竞争性费率"。

可以看到，这个时候我国已经开始注意到工程造价的管理模式应该遵循市场经济规律和建立竞争机制，启动了计价定额管理改革工作。

6. 确定建立社会主义市场经济以来的发展

1992 年，党的十四大提出"我国经济体制改革的目标是建立社会主义市场经济体制"后，定额预算的体制也随即提出了改革要求。

1993 年，建设部、国家体改委、国务院经贸办《关于发布全民所有制建筑安装企业转换经营体制实施办法的通知》中指出"对工程项目的不同投资来源或工程类别，实行在计划利润基础上的差别利润率。"

1995 年，建设部又颁发了《全国统一建筑工程基础定额》GJD101—1995 之后，全国各地都据此定额先后重新修订了各类建筑工程预算定额，使定额管理更加规范化和制度化。

1997 年，江苏省制定了《全国统一建筑工程基础定额江苏省估价表》。

1998 年，云南省制定了《全国统一建筑工程基础定额云南省预算基价》。

1998 年，广西壮族自治区制定了《 全国统一建筑工程基础定额广西壮族自治区单位估价表》。

1999 年 1 月，建设部颁发《建设工程施工发包与承包价格管理暂行规定》（建标 [1999]1 号）第十六条指出"编制标底、投标报价和编制施工图预算时，采用的要素价格应当反映当时市场价格水平，若采用现行预算定额基价计算应充分考虑基价的基础单价与当时市场价格的价差"。

这个时期，工程造价开始了"统一量、指导价、竞争费"的改革。

2001 年，建设部第 107 号令《建筑工程施工发包与承包计价管理办法》第七条指出"投标报价应当依据企业定额和市场价格信息，并按照国务院和省、自治区、直辖市人民政府建设行政主管部门发布的工程造价计价办法进行编制"；第十三条指出"发承包双方在确定合同价时，应当考虑市场环境和生产要素价格变化对合同价的影响"。

4.2.6 清单计价有关规定

2003 年，建设部颁发的《建设工程工程量清单计价规范》GB 50500—2003 中第 4.0.8 条“投标报价应根据招标文件中的工程量清单和有关要求、施工现场实际情况及拟定的施工方案或施工组织设计。依据企业定额和市场价格信息，或参照建设行政主管部门颁发的社会平均消耗量定额进行编制”。

2008 年，住房和城乡建设部颁发的《建设工程工程量清单计价规范》GB 50500—2008 中第 4.3.3 条“投标报价应根据下列依据编制：……企业定额，国家或省级、行业建设主管部门颁发的计价定额”。

2013 年，住房和城乡建设部颁发的《建设工程工程量清单计价规范》GB 50500—2013 第 6.2.1 条：“投标报价应根据下列依据编制和复核：……企业定额，国家或省级、行业建设主管部门颁发的计价定额和计价办法”。

从以上 3 个不同时期的建设工程工程量清单计价规范中我们看到的重要信息是：

（1）2003 年的清单计价规范规定，编制投标报价依据企业定额或消耗量定额；

（2）2008 年的清单计价规范规定，编制投标报价依据企业定额或计价定额；

（3）2013 年的清单计价规范规定，编制投标报价依据企业定额或计价定额（计价办法）。

三次颁发的清单计价规范都提到“企业定额”是编制投标报价的依据，虽然实际落实仍有不足，但始终坚持“企业定额”是计价依据的提法，符合工程造价适应市场经济规律发展的方向。

通过对全国 30 个省市自治区计价定额的统计分析，可以得出结论：投标报价依据“消耗量定额”和“计价定额”编制都可以，但关键是计价定额应该是完全的包含完整工、料、机消耗量的定额。定额有了完整消耗量，才能真正合理确定招标控制价、企业投标价，才能真正做到科学控制工程成本和工程造价。

4.2.7 我国计价定额应用现状

1. 无人工工日、机械台班消耗量的计价定额

某地区的工程计价定额只有基价、人工费、材料费、机械费、材料用量和单价，没有人工工日、机械台班消耗量（表 4-3）。该种形式计价定额主要考虑了满足可以调整材料价差的施工图预算编制，没有考虑在工程项目实施阶段控制工程造价的需要。例如，没有人工工日消耗量，不能对已完工程项目实际人工工日节约或超出定额用工的情况进行比较分析，也不能积累编制企业定额的数据资料。

2. 单位估价表形式计价定额

1995 年颁发的《全国统一建筑工程基础定额》是工程消耗量定额形式。单位估价表是指给消耗量定额项目的人工、材料、机械台班消耗量，填上对应的单价，计算出人工费、材料费、机械费和基价的计价定额形式。

将《全国统一建筑工程基础定额》填上当时北京地区的人工、材料、机械台班单价，就是北京地区的建筑工程“单位估价表”，见表 4-4。

《某省建筑工程计价定额》摘录 表 4-3

C.1 砌砖及砌块

C.1.1 砖基础

工程内容：调、运、铺砂浆，运砖，清理基槽及基坑，砌砖。 单位：$10m^3$

定额编号				1C0001	1C0002	1C0003	1C0004	1C0005
项目		单位	单价	砖基础				
				混合砂浆（细砂）		水泥砂浆（中砂）		
				M5	M7.5	M5	M7.5	M10
基价		元		1169.34	1217.49	1179.54	1226.22	1264.07
其中	人工费	元		148.24	148.24	148.24	148.24	148.24
	材料费	元		1016.32	1064.47	1026.52	1073.20	1111.05
	机械费	元		4.78	4.78	4.78	4.78	4.78
材料	混合砂浆（细砂）M5	m^3	120.0	2.63	—	—	—	—
	混合砂浆（细砂）M7.5	m^3	140.40		2.36	—	—	—
	水泥砂浆（中砂）M5	m^3	124.32			2.36	—	—
	水泥砂浆（中砂）M7.5	m^3	144.10	—	—	—	2.36	—
	水泥砂浆（中砂）M10	m^3	160.14	—	—	—	—	2.36
	红（青）砖	千块	140.00	5.23	5.23	5.23	5.23	5.23
	石灰膏	m^3		（0.38）	（0.28）	—	—	—
	水泥＃325	kg		（566.40）	（755.20）	（637.20）	（804.76）	（936.92）
	细砂	m^3		（2.64）	（2.64）	—	—	—
	中砂	m^3		—	—	（2.69）	（2.60）	（2.55）
	水	m^3	0.40	2.31	2.31	2.31	2.31	2.31

北京地区建筑工程单位估价表 表 4-4

工作内容：略 计量单位：$10m^3$

定额编号				4-1	4-2	4-3	4-4
项目				砖基础	单面清水砖墙		
					1/2 砖	3/4 砖	1 砖
基价		单位	单价	1448.04	1698.47	1698.88	1523.88
其中	人工费	元		200.97	362.51	356.90	311.36
	材料费	元		1237.25	1328.01	1333.16	1202.95
	机械费	元		9.82	8.31	8.82	9.57
人工	综合工日	工日	16.50	12.18	21.97	21.63	18.87
材料	水泥砂浆 M5	m^3	124.50	2.36	—	—	—
	水泥砂浆 M10	m^3	159.80	—	1.95	2.13	—
	水泥混合砂浆 M5	m^3	109.10	—	—	—	2.25
	普通黏土砖	千块	180.00	5.236	5.641	5.510	5.314
	水	m^3	0.90	1.05	1.13	1.10	1.06
机械	灰浆搅拌机	台班	25.19	0.39	0.33	0.35	0.38

单位估价表的编制还有一些不同的形式。例如某地区的《全国统一安装工程预算定额某省估价表》就要简化很多，见表 4-5。

简化的主要原因是该估价表要配合《全国统一安装工程预算定额》使用，全国定额上有详细的人、材、机消耗量数据资料。

《全国统一安装工程预算定额某省估价表》(筑炉)摘录　　表 4-5

一、红砖、硅藻土隔热砖

定额编号	项目名称	单位	安装基价（元）	其中			未计价材料		
				人工费	材料费	机械费	名称	单位	数量
5D0314	红砖 底、直墙	m^3	138.62	85.10	20.46	33.06	红砖 100#	块	556.000
5D0315	红砖 圆形墙	m^3	149.02	95.50	20.46	33.06	红砖 100#	块	612.000
5D0316	红砖 弧形拱	m^3	159.02	105.50	20.46	33.06	红砖 100#	块	584.000
5D0317	硅藻土隔热砖 底、直墙	m^3	209.46	63.36	126.25	19.85	硅藻土隔热砖 GG-0.7	t	0.635
5D0318	硅藻土隔热砖 圆形墙	m^3	213.06	66.96	126.25	19.85	硅藻土隔热砖 GG-0.7	t	0.649
5D0319	硅藻土隔热砖 弧形拱	m^3	175.26	75.36	80.05	19.85	硅藻土隔热砖 GG-0.7	t	0.659
5D0320	硅藻土隔热砖 管道内衬 ϕ<1m	m^3	276.06	129.96	126.25	19.85	硅藻土隔热砖 GG-0.7	t	0.655
5D0321	硅藻土隔热砖 管道内衬 ϕ>1m	m^3	235.66	89.56	126.25	19.85	硅藻土隔热砖 GG-0.7	t	0.651

二、黏土质隔热耐火砖

定额编号	项目名称	单位	安装基价（元）	其中			未计价材料		
				人工费	材料费	机械费	名称	单位	数量
5D0322	黏土质隔热耐火砖 底、直墙	m^3	225.94	104.30	81.87	39.77	黏土质隔热耐火砖 NG-1.3a	t	1.249
5D0323	黏土质隔热耐火砖 圆形墙	m^3	230.14	108.50	81.87	39.77	黏土质隔热耐火砖 NG-1.3a	t	1.275
5D0324	黏土质隔热耐火砖 弧形拱	m^3	228.14	126.50	61.87	39.77	黏土质隔热耐火砖 NG-1.3a	t	1.287
5D0325	黏土质隔热耐火砖 管道内衬 ϕ<1m	m^3	347.94	226.30	81.87	39.77	黏土质隔热耐火砖 NG-1.3a	t	1.318
5D0326	黏土质隔热耐火砖 管道内衬 ϕ>1m	m^3	276.34	154.70	81.87	39.77	黏土质隔热耐火砖 NG-1.3a	t	1.299

与表 4-4 的单位估价表比较，表 4-5 的估价表的特点是没有人工、材料（主材外）、机械台班的消耗量和单价，定额基价是不完整的。只能在不完全定额基价基础上加上主

材费，组成新的基价后用于编制安装工程施工图预算。

3. 综合单价形式（一）计价定额

《建设工程工程量清单计价规范》GB 50500—2013 颁发以后，个别地区为方便综合单价编制，编制了综合单价形式的计价定额。

例如，某省在 2008 年就编制了《某省建设工程工程量清单综合单价》，内容包括了人工费、材料费、机械费、管理费、利润、定额用工、材料消耗量、机械台班消耗量等。从内容上看基本上属于“单位估价表”形式，不同是增加了管理费和利润，是专门针对清单报价时编制综合单价使用的。《某省建设工程工程量清单综合单价》摘录见表 4-6。

《某省建设工程工程量清单综合单价》摘录　　表 4-6

Y010401006 杯形基础（m^3）

工作内容：混凝土浇捣、养护等。　　单位：$10m^3$

定额编号				4-12
项目				杯形基础
				混凝土
综合单价（元）				2421.89
其中	人工费（元）			374.10
	材料费（元）			1686.30
	机械费（元）			8.27
	管理费（元）			214.02
	利润（元）			139.20
名称		单位	单价（元）	数量
综合工日		工日	43.00	（8.70）
定额工日		工日	43.00	8.700
现浇碎石混凝土 粒径≤ 40（32.5 水泥）C15		m^3	160.79	10.150
水		m^3	4.05	10.550
草袋		m^2	3.50	3.300
混凝土振捣器 插入式		台班	10.74	0.770

4. 综合单价形式（二）计价定额

某地区编制的《某省建设工程工程量清单计价定额》是计价定额“综合单价形式”的另一种形式。该形式只是在不完全的“单位估价表”中每个定额项目上增加了综合费（管理费和利润），也是不完全的“单位估价表”，摘录见表 4-7。

《某省建设工程工程量清单计价定额》摘录　　　表 4-7

A.C.1　砖基础（编码：010301）

A.C.1.1　砖基础（编码：010301001）

工程内容：清理基槽及基坑：调、运、铺砂浆；运砖、砌砖。　　　单位：10m³

定额编号				AC0001	AC0002	AC0003	AC0004	AC0005
项目		单位	单价（元）	砖基础				
				混合砂浆（细砂）		水泥砂浆（细砂）		
				M7.5	M10	M5	M7.5	M10
综合单（基）价		元		2017.79	2048.50	1987.57	2012.32	2032.31
其中	人工费	元		452.50	452.50	452.50	452.50	452.50
	材料费	元		1419.32	1450.03	1389.10	1413.85	1433.84
	机械费	元		7.86	7.86	7.86	7.86	7.86
	综合费	元		138.11	138.11	138.11	138.11	138.11
材料	混合砂浆（细砂）M7.5	m³	155.30	2.38	—	—	—	—
	混合砂浆（细砂）M10	m³	168.20	—	2.38	—	—	—
	水泥砂浆（细砂）M5	m³	142.60	—	—	2.38	—	—
	水泥砂浆（细砂）M7.5	m³	153.00	—	—	—	2.38	—
	水泥砂浆（细砂）M10	m³	161.40	—	—	—	—	2.38
	标准砖	千匹	200.00	5.24	5.24	5.24	5.24	5.24
	水泥 32.5	kg		（528.36）	（628.32）	（537.88）	（599.76）	（649.74）
	石灰膏	m³		（0.26）	（0.19）	—	—	—
	细砂	m³		（2.76）	（2.76）	（2.76）	（2.76）	（2.76）
	水	m³	1.50	1.14	1.14	1.14	1.14	1.14

4.3　建筑安装工程费用项目划分

4.3.1　借用苏联建筑安装工程费用项目划分

中华人民共和国成立后，我国在 1956 年前工程造价管理借用了苏联基本建设管理制度和方法，其中采用的工程造价（预算）费用项目划分见 4-8。

借用苏联建筑安装工程费用项目划分（1956 年前）　　　表 4-8

序号	费用名称	取费基数	计算方法
1	直接费	—	Σ工程量 × 定额基价
2	间接费	直接费	直接费 × 间接费率
3	计划积累（利润与税金）	直接费 + 间接费	（直接费 + 间接费）× 积累率
4	预算价格	—	1+2+3

来源：（苏联）Л.И. 马祖林 . 设计和预算业务 [M]. 田玉芝，等，译 . 北京：国家计委基本建设标准定额研究所，1984.

4.3.2 20 世纪 50 年代至 70 年代建筑安装工程费用项目划分

1. 1956 年我国建筑安装工程费用划分

从 1956 年出版的《建筑工程设计预算》一书中，了解到“建筑安装工程预算造价的费用可以分为三类，即直接费用（材料费、工日工资及建筑机械使用费）、间接费用（直接费的 16%；行政管理费包括管理人员工资、办公费等；其他间接费包括建安工日辅助工资、劳动保护费等）和利润及税金（公私合营的企业按国家规定按直接费加间接费之和的 2.5% 计算税金）”，该建筑安装费用划分一直沿用到 1977 年，见表 4-9。

我国建筑安装工程费用项目划分（1956 年） 表 4-9

序号	费用名称	取费基数	计算方法
1	直接费	—	∑工程量 × 定额基价
2	间接费	直接费	直接费 × 间接费率
3	利润	直接费 + 间接费	（直接费 + 间接费）× 利润率
4	税金（公私合营企业计算税金）	直接费 + 间接费 + 利润	[1+2+3] × 税率
5	工程造价	—	1+2+3+4

来源：王玄通 . 建筑工程设计预算 [M]. 上海：上海科学普及出版社，1956.

2. 建筑安装工程费用项目划分（1978 年）

国家建委、财政部 1978 年颁发了“建筑安装工程费用项目划分暂行规定”的费用划分，见表 4-10。

建筑安装工程费用项目划分（1978 年） 表 4-10

序号	费用名称	取费基数	计算方法
1	直接费	—	∑工程量 × 定额基价
2	间接费	直接费	直接费 × 间接费率
3	法定利润	直接费 + 间接费	（直接费 + 间接费）× 利润率
4	工程造价	—	1+2+3

来源：（78）建发施字 98 号文。

4.3.3 20 世纪 80 年代至 90 年代建筑安装工程费用项目划分

1. 建筑安装工程费用项目划分（1985 年）

国家计委 1985 年发布了计标〔1985〕352 号文，建筑安装工程费用项目划分见表 4-11。

2. 建筑安装工程费用项目划分（1989 年）

中国建设银行 1989 年发布了《关于印发 < 关于改进建筑安装工程费用划分的若干规定 > 的通知》（[89] 建标字第 248 号），建筑安装工程费用项目划分见表 4-12。

建筑安装工程费用项目划分（1985 年） **表 4-11**

序号	费用名称	取费基数	计算方法
1	直接费	—	∑工程量 × 定额基价
2	间接费	直接费	直接费 × 间接费率
3	法定利润	直接费 + 间接费	（直接费 + 间接费）× 利润率
4	工程造价	—	1+2+3

来源：《< 关于改进工程建设概预算定额管理工作的若干规定 > 等三个文件的通知》（计标〔1985〕352 号）。

建筑安装工程费用项目划分（1989 年） **表 4-12**

序号	费用名称	取费基数	计算方法
1	直接费	—	∑工程量 × 定额基价
2	间接费	直接费	直接费 × 间接费率
3	计划利润	直接费 + 间接费	（直接费 + 间接费）× 利润率
4	税金	支付 + 间接费 + 计划利润	[1+2+3] × 税率
5	工程造价	—	1+2+3+4

来源：中国建设银行发布《关于印发 < 关于改进建筑安装工程费用划分的若干规定 > 的通知》（[89] 建标字第 248 号）。

3. 建筑安装工程费用项目划分（1993 年）

建设部、中国人民建设银行 1993 年发布了《关于印发 < 关于调整建筑安装工程费用项目组成的若干规定 > 的通知》（建标〔1993〕894 号），建筑安装工程费用项目划分见表 4-13。

建筑安装工程费用项目划分（1993 年） **表 4-13**

序号	费用名称	内容	取费基数	计算方法
1	直接费	（1）直接工程费	—	∑工程量 × 定额基价
		（2）其他直接费（包括冬雨季施工费、二次搬运费等）	直接费	直接费 × 费率
		（3）现场经费（包括临时设施、现场管理费等）	直接费	直接费 × 费率
2	间接费	—	直接工程费	直接工程费 × 间接费率
3	计划利润	—	直接工程费 + 间接费	（直接工程费 + 间接费）× 利润率
4	税金	—	直接费 + 间接费 + 计划利润	[1+2+3] × 税率
5	工程造价	—	—	1+2+3+4

来源：建设部、中国人民建设银行发布《关于印发 < 关于调整建筑安装工程费用项目组成的若干规定 > 的通知》（建标〔1993〕894 号）。

4.3.4　2000 年来建筑安装工程费用项目划分

1. 建筑安装工程费用项目划分（2003 年）

建设部于 2003 年发布了《关于印发建筑安装工程费用项目组成的通知》（建标〔2003〕206 号），建筑安装工程费用项目划分见表 4-14。

建筑安装工程费用项目划分（2003 年）　　表 4-14

序号	费用名称	内容	计算基数	计算方法
1	直接费	（1）直接工程费	—	∑工程量 × 定额基价
		（2）措施费	直接工程费	直接工程费 × 费率
2	间接费	（1）规费	直接费或人工费	直接费 × 间接费率或 人工费 × 间接费率
		（2）企业管理费		
3	利润	—	直接费 + 间接费	（直接费 + 间接费）× 利润率
4	税金	—	直接费 + 间接费 + 利润	[1+2+3] × 税率
5	工程造价	—	—	1+2+3+4

来源：住房和城乡建设部　财政部关于印发《建筑安装工程费用项目组成的通知》（建标〔2003〕206 号）。

2. 建筑安装工程费用项目按费用构成要素划分（2013 年）

住房和城乡建设部　财政部关于印发《建筑安装工程费用项目组成》的通知（建标〔2013〕44 号）于 2013 年发布，建筑安装工程费用项目按费用构成要素划分见表 4-15。

建筑安装工程费用项目按费用构成要素划分（2013 年）　　表 4-15

序号	费用名称	内容	计算基数	计算方法
1	直接费	人工费、材料费、机械费	—	∑工程量 × 定额基价
2	管理费	管理人员工资、办公费等	人工费或直接费	人工费或直接费 × 管理费费率
3	利润		人工费	人工费 × 利润率
4	规费	社会保险费和住房公积金	人工费	人工费 × 规费费率
5	税金	—	税前造价	[1+2+3+4] × 税率
6	工程造价	—	—	1+2+3+4

来源：住房和城乡建设部　财政部关于印发《建筑安装工程费用项目组成》的通知（建标〔2013〕44 号）。

3. 建筑安装工程费用项目按造价形成划分（2013 年）

住房和城乡建设部　财政部关于印发《建筑安装工程费用项目组成》的通知（建标〔2013〕44 号）于 2013 年发布，建筑安装工程费用项目按造价形成划分见表 4-16。

建筑安装工程费用项目按造价形成划分（2013 年） **表 4-16**

序号	费用名称	内容	计算基数	计算方法
1	分部分项工程费	（1）直接费	—	Σ工程量 × 定额基价
		（2）管理费	人工费或直接费	人工费或直接费 × 费率
		（3）利润	人工费	人工费 × 利润率
2	措施项目费	（1）单价措施费	—	Σ措施工程量 × 定额基价
		（2）总价措施费	直接费	直接费 × 费率
3	其他项目费	暂列金额等	招标工程量清单	按工程量清单
4	规费	社会保险费和住房公积金等	人工费	人工费 × 规费费率
5	税金	—	税前造价	[1+2+3+4] × 税率
6	工程造价	—	—	1+2+3+4+5

来源：住房和城乡建设部　财政部关于印发《建筑安装工程费用项目组成》的通知（建标〔2013〕44 号）。

5　工程造价基础理论

导学

- 马克思主义政治经济学劳动价值论奠定了工程造价理论基础。
- 价值规律是工程造价计价的基本规律。
- 供求关系影响建设工程造价也是实施社会主义市场经济体制的必然。

5.1　劳动价值论

5.1.1　劳动价值论起源

劳动决定价值这一思想最初由英国经济学家威廉·配第提出。亚当·斯密和大卫·李嘉图也对劳动价值论做出了巨大贡献。

马克思主义政治经济学的劳动价值论是由马克思创立并完成的。

5.1.2　商品价值

马克思主义政治经济学劳动价值论认为：商品具有二重性，即价值和使用价值。使用价值是商品的自然属性，具有不可比较性。价值是一般人类劳动的凝结，是商品的社会属性，它构成商品交换的基础。商品的使用价值和价值等范畴，是马克思用来阐述商品的自然属性和社会属性的概念，深刻地揭示了商品的本质。

劳动价值论把价值定义为一种人类劳动，劳动者创造价值。劳动是价值的唯一源泉，同时也是财富的源泉。

马克思主义政治经济学认为，商品的价值量由生产这个商品的必要劳动时间或者必要劳动量确定。商品价格是价值的货币表现。

马克思主义商品价值公式如下：

$$W=C+V+m;$$

式中　W——商品价值；

C——不变资本；

V——可变资本；

m——剩余价值。

社会主义市场经济条件下，C 为生产资料的转移价值、V 为劳动者的报酬和附加、m

为利润，为了好理解，税金也可以归为 m。即：C 为生产资料的转移价值、V 为劳动者为自己劳动创造的价值、m 是劳动者为企业和社会劳动创造的价值。

5.1.3 建筑产品

用来交换的劳动产品称为商品。建筑物也是为购买者生产的劳动产品，所以建筑产品也是商品。

建筑产品提供给人们生产、生活、活动的场所功能，即使用价值；建筑产品的价值即工程造价，包括直接费、间接费、利润和税金。

工程造价中的材料费和固定资产的折旧费等可以分解归纳为 C，工程造价中的人工费可以分解归纳为 V，工程造价中的利润和税金可以分解归纳为 m。

5.2 价值规律和竞争规律

价值规律和竞争规律是商品经济的固有规律。

5.2.1 价值规律

价值规律是商品生产和商品交换的基本经济规律，即商品的价值量取决于社会必要劳动时间，商品按照价值相等的原则互相交换。商品的价值量由生产商品的社会必要劳动时间决定；商品交换以价值量为基础，遵守等量社会必要劳动相交换的原则。

价格随供求关系变化而围绕价值上下波动，不是对价值规律的否定，而是价值规律的表现形式。

计价定额产生和使用体现了工程造价中的价值规律。

计价定额项目的人工消耗量，由完成这个项目施工生产的社会平均劳动时间确定。例如，人工挖 $1m^3$ 三类土基础土方的社会平均劳动时间为 1 个工日；计价定额项目的材料消耗量，由完成这个项目施工生产的社会必要消耗量确定。例如，现浇 $1m^3$ 混凝土基础的社会必要消耗量为 $1.02m^3$ 混凝土。

5.2.2 竞争规律

竞争规律是指商品经济中各个不同的利益主体，为了获得最佳的经济效益，互相争取有利的投资场所和销售条件的客观必然性，它和价值规律一样，都是商品经济固有的规律。

在我国建筑市场，各投标人在建设项目招标投标中，通过编制建筑工程投标报价，竞争建设项目的设计、施工、服务等，体现了社会主义市场经济条件下的建筑市场的竞争规律。

5.2.3 供求关系

受供求关系规律影响，劳务市场的劳动力价格不断发生变化；建筑市场钢材、水泥等建筑材料价格随着供求关系发生变化，当这些材料供不应求时价格上涨，供过于求时价格回落。

5.3 价格学基础

货币出现后，一切商品的价值都由货币来衡量，即表现为价格。价值是价格的基础，价格是价值的表现。可以从价格学的角度来理解价格与价值的关系。

5.3.1 商品价格的高低与商品价值量

商品价值量是由生产商品的社会必要劳动时间决定的。

市场上的商品各种各样，生产各种商品所需劳动的具体形式各不相同，但撇开劳动的具体形式，各种劳动都是人的体力和智力的消耗，因此它们可以用“劳动时间”作为同一尺度来衡量，复杂劳动可以折合为倍加的简单劳动，强度大的劳动可以折合为倍加的强度小的劳动。

5.3.2 商品价格与劳动生产率

在人类社会经济生活中，社会生产力是最活跃的因素，生产技术的提高，技术装备的改进，技术熟练程度的变化，时时刻刻都在发生。

社会生产力的发展，必然带动劳动生产率的提高，但对于不同地区、不同部门和行业的商品生产者来说，劳动生产率提高的程度是不一样的。劳动生产率通常是指劳动的生产效率，一般是用在同一劳动时间内生产某种商品的数量来表示。商品的价值量与劳动生产率通常呈反比例关系：劳动生产率高，单位产品的价值量小；劳动生产率低，单位产品的价值量大。

5.3.3 价格形成

商品价格以商品价值为基础，并且是通过货币来实现的，但货币怎样将商品的价值表现出和确定下来，则是在市场交换过程中完成的。

实际的商品价格，在市场上是由商品的供给一方和需求一方互相制衡的过程中形成的。同理，建筑产品的价格也是在建设工程项目招投标的竞争过程中形成的。

货币从商品世界分离出来，充当一般等价物之后，商品使用价值和价值这对矛盾，便外化为商品与货币的矛盾。

商品一端代表着使用价值，即社会生产、商品供给方、卖方；而货币另一端则代表着价值，即社会消费、社会需求方、买方。

一件商品能用多少货币相交换，简单地说，价格多高，值多少钱，要由市场上的买卖双方来决定。从根本上说，商品供求是社会生产和社会消费的基本反映。

生产的目的是为了消费，而消费的满足要依赖于生产。人类的消费愿望是无穷尽的，社会生产力也不会永远停止在某个水平上，但社会生产力水平的高低，决定着消费需求能够满足的程度。这是因为相对于消费欲望的无穷，满足消费的方式却是有限的。

随着人类社会生产力的发展，人类的消费需求也是不断变化的，生产力的提高，社会财富的积累，也使得人类在满足了基本的生存需求之后，有可能在比较高的消费层次表现出较大的选择性。为了满足人们不断增长的生活需求，建筑产品也向着从交付的清水房向交付精装修房的趋势发展。

马斯洛提出的“需求层次”理论，从另一个角度论证人们在满足了低层次的需求后，要向更高层次的需要提出要求，这样的趋势是符合社会生产发展和人们对商品的需求变化的。从这个角度讲，生产与消费的关系也就是供给与需求的关系。

5.3.4 价格构成与价值构成

1. 价格的一般构成

价格构成是指形成商品价格的各个要素及其在价格中的组成状况。

商品价格的构成，就价格一般而论包括：生产成本、流通费用、利润和税金。可用公式表示如下：

商品价格＝生产成本＋流通费用＋利润＋税金

从上述四个构成因素我们可以看出，价格构成实际上是商品经济发展不同阶段商品生产者和经营者在出售商品时的各种不同经济性质的补偿要求和利益要求的具体反映。

建筑产品价格主要由生产成本、销售费用、利润和税金构成，生产成本包括人工费、材料费和机械费，销售费用包括房地产开发商广告费、促销费用和销售人员的费用，利润是企业扩大再生产的源泉，税金还包括环境保护税、土地增值税、房产税、土地使用税、印花税等。

2. 价格构成与价值构成的关系

总地来说，商品价值构成是价格构成的基础，而商品价格构成则是价值构成的货币表现。商品价格构成中的生产成本和流通费用，大体正是商品价值构成中 $C+V$ 部分的货币表现。利润和税金，则大体上是商品价值构成中 m 部分的货币表现。

3. 制定价格的依据是产品的社会成本

从供给价格角度分析，其生产者供给价格构成中的成本应是社会成本而非各生产者的个别成本。

按照社会必要劳动耗费决定商品价值的原理，在制定商品价格时，只有以社会成本为定价依据，才能反映商品的社会价值，才能发挥价格作为衡量和表现社会劳动消耗统一尺度的作用。

诚然，生产者制定实际售价的主要依据是其个别成本，但他们以其个别成本为依据制定出来的价格水平只有在为市场所接受时，其售价才能得到最终确认，即其个别成本才能得到社会承认，产品价值才能最终实现。

而市场所接受或承认的价格水平则一般都是以全社会正常合理中等成本，亦即社会成本为基础制定的。商品生产中个别成本与社会成本的差别，反映了各生产者个别劳动耗费与社会劳动耗费的差别和矛盾，这种差别劳动和矛盾正是价值规律借以推动生产发展的内在动力。

市场运行中的商品价格以社会成本为基础而形成，使得施工生产同种商品的不同企业的利润水平主要由企业个别成本水平的高低来决定。

如果施工企业的个别成本低于社会成本，企业便可能获得超额利润；如果高于社会成本，企业则可能无盈利甚至亏损。

因此，以社会成本为定价依据，就会使设备先进、经营管理好、劳动生产率高的施工企业获利；使设备陈旧、管理落后、效率低下的施工企业生产经营难以为继，从而在客观上起到了鼓励先进、鞭策落后、促进设备更新改造、改善经营管理，进而推进整个建筑业和社会经济发展的作用。

5.3.5 生产者价格与利润和税金

施工生产者价格中的利润和税金，是劳动者在生产过程中为社会劳动所创造的价值（剩余价值）的货币表现，是建筑商品价格超过生产成本的余额，即社会纯收益。它是企业生产经济效益好坏的重要标志。

1. 利润

利润是建筑产品价格的组成部分。通常用利润率来计算，利润率可用利润占人工费总额的百分比即工资利润率来计算；也可以按利润额占生产成本总额的百分比即成本利润率计算；也可用利润额占生产者售价的百分比即销售利润率计算；还可以用占资金百分比即资金利润率计算。

目前建筑产品的利润一般是用工资利润率或成本利润率来计算的。

2. 税金

（1）税金的概念

税金是商品价格减去生产成本、流通费用和利润后的税收征收额。

税金是价值中一部分货币的表现，是价格构成的要素之一，是国家按照税法规定对企业征收的一部分社会纯收入，是国家凭借政治权力参与国民收入分配和再分配的一种重要形式，是国家财政收入的主要来源。

（2）税金的特点

1）强制性

税金是国家以法律形式规定的，纳税人必须依法纳税，否则将依情节轻重受到法律制裁。

2）无偿性

国家征税后，税金就成为国家财政收入，用于国家建设，不再归还纳税人。

3）稳定性

这是指国家规定的税率一经确定，在一定时期内相对稳定。

（3）税金的分类

税金的种类很多，我们可以按不同的标准对其进行分类。

1）按征税对象划分

按征税对象，可以划分为对商品和劳动的流转额课税。建筑业的增值税属于流转税。

2）按税收管理和享用权制划分

按税收管理和享用权制划分，可以分为中央税、地方税、中央与地方共享税三类。

3）按考察税种与价格的关系划分

按考察税种与价格的关系划分，可以把税金划分为价内税和价外税两类。

价内税是指作为价格构成的独立因素直接计入价格构成中的税金，如营业税等。价内税的大小直接影响着价格高低变化。在纳税时它是以商品流转额（或流转数量）计征的。纳税人缴纳的税金可以通过价格转嫁给消费者。

价外税是指不作为价格构成的独立因素而征课的税金，如增值税等。目前建筑产品增值税率为9%。

计取增值税的计算公式：

$$增值税=不含税造价\times增值税率$$

式中　不含税造价=直接费+间接费+利润 。

5.3.6 劳动力价格

1. 劳动力价格的含义

劳动力价格是指劳动者付出劳动后应当获取的劳动报酬，通常以货币工资的形式表现。在市场经济运行中，劳动力价格的存在有其必然性，因为单有资金、土地、科技信息等生产要素的流动，而没有劳动力的流动，资源不可能得到合理利用，高度发达的市场经济也很难形成。

劳动力要流动就必然进入市场进行交流，交流的成功与否，关键在于价格。即需求方付出的劳动报酬是否符合劳动力供给方的估价。符合则顺利成交，否则劳动力供给者会另谋生计。所以，劳动报酬是一种特殊的价格。

建筑劳务市场是建筑业劳动力的主要来源。虽然计价定额规定了人工单价，工程造价行政主管部门也发布人工费调整系数，可以调整投标报价的人工费，但是劳动力的价格还是受劳务市场供求关系的影响。具体表现为，劳务市场的劳动力价格往往高于政府的人工工日指导价。

2. 劳动力价格的形成基础

劳动力价格包括简单劳动力价格和复杂劳动力价格两部分。

复杂劳动力价格是建立在简单劳动力价格基础之上的，它是简单劳动力价格的倍加。因此，研究劳动力价格，首先应当研究简单劳动力价格。

（1）劳动力的价值和使用价值

劳动力是指人的劳动能力，它包括人的体力和脑力两部分。

劳动力与其他商品一样，其价值也由社会必要劳动时间凝结而成。所不同的是，劳动力依附于人的身体而存在，而人的身体靠生活资料来维持。所以，劳动力的生产与再生产所需的社会必要劳动时间，自然就由维持和再生产劳动力的生活资料所需要的劳动时间决定。

因此，劳动力的价值由三部分构成：①维持劳动者劳动力的再生产所需的生活资料所包含的价值；②保证劳动力延续所要的赡养劳动者子女所需要的各种教育、培养等费用所包含的价值；③随着人们生活水平提高而开支的享乐费用。

劳动力与其他商品一样，也同样具有使用价值。所不同的是，在生产过程中劳动力和生产资料相结合，可以生产出具有使用价值的商品，并使预付的价值增值，这就是劳动力的独特使用价值所在。

（2）劳动力价格的形成基础

劳动力价格的形成基础是劳动力的价值。因为，只有劳动力的价格能够补偿劳动者自身及其子女的生活费用、教育培训等费用时，劳动者才可能受雇或受聘。

经济发达的国家、地区，消费水平高，受教育程度高，劳动力价格也必然高；反之，经济落后的国家和地区，消费水平低，受教育程度低，劳动力价格也必然低。

同样，劳动力消耗大的部门及行业，劳动者劳动力的再生产所需的生活资料费用消耗大，劳动力价格应当高。反之，劳动力消耗小的部门及行业，劳动力的价格应当低，这是价值规律作用的结果。

上述分析的是简单劳动力价格。复杂劳动力价格与简单劳动力价格相比，它应高于简单劳动力价格。因为，简单劳动力转化为复杂劳动力，它必须经过较高层次的教育。因此它凝结着较高层次的劳动，具有较高的价值。

在施工生产中，高级技工和技师的劳动力价格高于普工的劳动力价格。

3. 影响劳动力市场价格的主要因素

（1）劳动力的市场供求状况

当劳动力供大于求时，其市场价格呈下降的趋势；当劳动力供小于求时，其市场价格呈上升趋势。所以，即使企业有了工资决策权，可以自主分配，职工的工资水平也不可能随意决定，而必然由各工种的市场劳动力的供应与劳动力的需求均衡所决定，这是关键性因素。

（2）货币币值的影响

劳动力价格既然要通过货币工资的形式表现，其标准水平就不能不受到货币规律的作用。当货币发行过多，通货膨胀，货币贬值时，货币工资的名义标准就会提高；反之，货币发行过少，货币升值时，货币工资的名义标准就会下降。

4. 其他因素的影响

诸如国家政策、综合国力、企业效益差异等，对货币工资都会起到重大的影响，也是我们应当加以考虑的。

5. 劳动力价格计算

目前，我国劳动力价格构成较为复杂，既有货币工资形式，又有各种实物和货币的补贴，还有奖金形式。为此，为了调动各行业、各不相同所有制企业职工的积极性，必须掌握各行业、各不同所有制企业职工工资的真实成本，以便正确比较。所以，首先将职工所得的实物折成现金，然后再将所有补贴、奖金及货币工资合并计入成本，最后再测算劳动力价格。工资的基本计算公式：

$$劳动力月工资（价格）=\frac{劳动者及家属年生活费用+提高劳动力素质开支年费用+享乐性年费用}{12个月}$$

目前，我国的计时工资、计件工资、定额工资、职务工资、结构工资、绩效工资、浮动工资等形式，都要借助于基本计算公式为基础进行测定。

5.4 产品成本定价法

5.4.1 完全成本定价法

又称成本加利润定价法，就是在产品完全成本基础上，再加上一定比例利润的定价方法。

所谓企业的完全成本，是指企业生产经营某产品所需的各项直接费用及应分摊的间接费用的总和。它包含了所有的固定成本和变动成本。

单位产品完全成本＝单位产品固定成本＋单位产品变动成本。在完全成本的基础上，加上一定比例的预期利润，就能算出产品售价。单位建筑产品税前造价就是单位产品完全成本加上利润的造价。

完全成本定价法中，利润率的大小对价格影响最为关键。利润率太高，制定出来的产品价格就相应地高，产品销路就难以打开；利润率低，售价低，就会直接影响企业自身的经济效益。所以，利润率的大小必须依据产品的性质、流通费用的大小、竞争的激烈程度及消费需求等因素综合考虑后再确定。建筑产品的利润采用定额人工费乘以费用定额的利润率计算，利润率具有竞争性，利润允许施工企业根据自身情况上下浮动。

完全成本定价法的主要优点是计价方法简单明了，企业定价资料容易取得，定价结果至少能保本且多少有盈利，供求双方容易产生公平感。完全成本定价法较适合用于建筑产品定价。

5.4.2 加权平均法

就一种产品，搜集各地生产者的成本资料，经过核实后，以各地各生产者的产量为权数，通过加权平均计算，求得个别成本的加权平均成本作为该产品的社会成本。

采用这种方法，需要收集各地各生产者的成本资料作为加权平均的依据，该方法工作较繁重，数据收集较困难。一般只能在同类产品中选定少数代表品进行测定，其余各品种、各质量，只能选取典型产地资料，确定其同代表品的成本差率，以代表品成本为标准，来计算它们的成本。在加权平均取得社会成本的基础上加上利润和税金后确定产品价格。

在工程概算定额编制中采用的“统计分析法”就属于此类方法。

5.4.3 典型测定法

典型测定法通过采用一定的方式（如邀请各地成本专家召开座谈会、交流和分析各地成本资料），选定在全国或地区范围内具有正常合理中等生产经营水平的代表性施工企业，核实其成本作为全国范围的正常合理中等成本。同类产品中的其他品种、质量，通过与典型资料的级差率进行换算。

在工程计价定额编制中采用的“经验估计法”“类推比较法”就属于此类方法。

6 建设工程项目划分

导学

- 建设工程项目划分的创举催生了定额和施工图预算的编制方法。
- 建筑产品的特性决定了建设项目划分方法的科学性。
- 分项工程项目划分的理论与方法是确定工程造价的核心内容。

6.1 划分建设项目的缘由

建设项目划分方法是工程造价原理的重要基石。

6.1.1 建筑产品特性

建筑产品具有产品生产的单件性、建设地点的固定性、施工生产的流动性等特性，是必须将建筑产品层层划分为分项工程项目，并通过编制施工图预算或招标控制价确定工程造价的根本原因。

1. 单件性

建筑产品的单件性是指每个建筑产品都具有特定的功能和用途，即在建筑物的造型、结构、尺寸、设备配置和内外装修等方面都有不同的具体要求。即便是用途完全相同的工程项目，在建筑等级、建设地点引起的基础工程等方面都会发生不同的情况。可以这么说，在实践中找不到两个完全相同的建筑产品。因而，建筑产品的单件性使得建筑物在实物形态上千差万别，各不相同。

2. 固定性

固定性是指建筑产品的生产和使用必须固定在某一个地点，不能随意移动。建筑产品固定性的客观事实，使得建筑物的结构和造型受当地自然气候、地质、水文、地形、各种资源等因素的影响和制约，使得功能相同的建筑物在工程成本上仍有较大的差别，从而使得每个建筑产品的工程造价各不相同。

3. 流动性

建筑产品的固定性是产生施工生产流动性的根本原因。因为建筑物固定了，施工队伍、施工机械就流动了。流动性是指施工企业必须在不同的建设地点组织施工、建造房屋。

建筑产品的流动性使每个建设地点离施工单位基地的距离不同、资源条件不同、运输条件不同、工资水平不同，这些因素都会影响建筑产品的造价。

4. 划分分项工程和编制计价定额

建筑产品千差万别的上述特性，不能实现像工业产品定价方式来统一定价。因此，需要找到一个对不同形状的建筑物且价格水平基本一致的定价方法。

通过对不同建筑物层层拆分，分解到各建筑物之间有共同构造特征的层面，即分项工程项目，然后编制计价定额的单位分项工程基价，给分项工程统一定价，再通过编制施工图预算，就实现了建筑产品的特殊定价方式。

分项工程项目不是一个具有使用价值的建筑产品，但是划分分项工程项目和编制单位分项工程项目定额基价的方法，奠定了工程造价的理论基础。

6.1.2 建筑产品的结构类型及特点

建筑产品的结构类型和建造特点是影响工程造价确定的关键因素。

1. 不同的结构类型

房屋建筑的砖混结构、混凝土框架结构、混凝土框剪结构、钢结构等不同的结构类型，其建筑物每平方米造价是不同的。

2. 不同的施工工艺

建筑产品施工生产，采用现浇混凝土构件或者预制混凝土构件建造，其建筑物的每平方米造价是不同的。

3. 不同的建筑材料

房屋楼地面采用花岗岩地面或者木地板地面，其建筑物的每平方米造价是不同的。

4. 不同的计价定额

按结构类型、使用材料、施工工艺可以划分为建筑工程计价定额、安装工程计价定额、市政工程计价定额、公路工程计价定额等计价定额。

6.2 建设项目划分

建设工程可以层层分解为建设项目、单项工程、单位工程、分部工程和分项工程五个层次（《工程造价术语标准》GB/T 50875—2013）。层层分解建设工程项目是工程造价原理的核心内容之一。

6.2.1 建设项目

建设项目是按一个总体规划或设计进行建设的，由一个或若干个互有内在联系的单项工程组成的工程总和。

建设项目的特征是依据一个总体规划和设计进行组织、建设、核算和验收。建设项目可以是一个单项工程，也可以由若干个互有内在联系的单项工程组成。建设项目也可称为基本建设项目。

6.2.2 单项工程

单项工程是具有独立的设计文件，建成后能够独立发挥生产能力或使用功能的工程项目。

单项工程是建设项目的组成部分，其最大特征是能够独立发挥生产能力或使用功能。如一个建筑群的某一栋建筑物，工厂的某一系统或车间，学校的教学楼、图书馆等都分别是一个单项工程。

6.2.3 单位工程

单位工程是具有独立的设计文件，能够独立组织施工，但不能独立发挥生产能力或使用功能的工程项目。

单位工程是单项工程的组成部分，其最大特征是具有独立的设计文件和能够独立组织施工，单位工程可以是一个建筑工程或者是一个设备与安装工程。如主体建筑工程、精装修工程、设备安装工程、窑炉安装工程、电气安装工程等都分别是一个单位工程。

6.2.4 分部工程

分部工程是单位工程的组成部分，系按结构部位、路段长度及施工特点或施工任务将单位工程划分为若干个项目单元。

例如，一般工业与民用建筑工程的分部工程包括地基与基础工程、混凝土结构工程、楼地面工程、装饰装修工程、屋面工程、给水排水工程、采暖工程、电气工程、智能建筑工程、通风与空调工程、电梯工程等都分别是一个分部工程。

6.2.5 分项工程

分项工程是分部工程的组成部分，系按不同施工方法、材料、工序及路段长度等将分部工程划分为若干个项目单元。

分项工程是建筑工程的基本构造要素。通常，把这一基本构造要素称为“假定建筑产品”。假定建筑产品虽然没有独立存在的意义，但是这一概念在工程造价确定、计划统计、建筑施工及管理、工程成本核算等方面都起到了十分重要的作用。

将建设项目划分层层分解到分项工程项目的方法，奠定了工程造价原理的基石，因为只有将建筑物划分到分项工程项目，才能找到不同建筑物的共同基点，才能统一建筑物的价格水平。

7 建设工程定额

导学

- 没有建设工程定额就没有建设工程造价，定额是确定工程造价的必备条件。
- 定额的编制方法和社会平均水平由劳动人民创建。
- 建设工程系列定额的产生是全过程工程造价控制与管理的必然结果。

7.1 我国建设工程定额历史沿革

我国建设工程定额经历了起步、发展、变革等几个阶段。

20 世纪 50 年代至 70 年代，概算指标、概算定额、预算定额等统称为概预算定额。当时的设计预算包含了初步设计概算和施工图预算。到了 20 世纪 80 年代末期至 90 年代初期，开始将“预算定额”称为“计价定额”。

例如，《建设部关于加强工程建设强制性国家标准和全国统一的工程计价定额出版、发行管理的通知》（建标〔1995〕606 号）文件标题中就出现了“工程计价定额”的名词。

2013 年 3 月，住房和城乡建设部颁发的《建筑安装工程费用项目组成》（建标〔2013〕44 号）中也有“工程计价定额”的提法。

《建设工程工程量清单计价规范》GB 50500—2013 规定，“计价定额”是编制“招标控制价”和“投标报价”的依据。

目前，在工作中我们会将含有人工费、材料费、机械费和定额基价的预算定额称为计价定额。

7.2 西方定额起源

定额是资本主义企业科学管理的产物，最先由美国工程师弗雷德里克·温斯洛·泰勒（Frederick Winslow Taylor，1856—1915）开始研究。

在 20 世纪初，为了通过加强企业管理提高劳动生产率，泰勒将工人的工作时间分成若干个组成部分，如准备工作时间、基本工作时间、辅助工作时间等。然后用秒表来测定工人完成各项工作所需的劳动时间，以此为基础制定工时消耗量定额作为衡量工人工作效率的标准。

在研究工人工作时间的同时，泰勒又把工人在劳动中的操作过程分解为若干个操作步骤，去掉那些多余和无效的动作，制订出能节省时间的操作方法，以期达到提高工效的目的。可见，工时消耗量定额是建立在先进合理的操作步骤和操作方法基础之上的。

制定科学的工时定额，实行标准的操作方法，采用先进的工具设备，再加上有差别的计件工资制，就构成了“泰勒制”的主要内容。

泰勒制给西方企业管理带来了根本变革。因此，在西方企业管理史上，泰勒被尊称为“科学管理之父”。

在企业管理中实行定额的方法来促进劳动生产率的提高，正是泰勒制科学和有价值的内容，我们应该用来很好地为社会主义市场经济建设服务。

7.3 建设工程定额作用及相互关系

7.3.1 建设工程定额的概念

建设工程定额是指直接或间接用于工程计价的定额或指标，包括劳动定额、材料消耗量定额、机械台班消耗量定额、预算定额、概算定额、概算指标、投资估算指标和费用定额等。这是在建设项目决策阶段、设计阶段、招投标阶段、施工阶段和竣工验收阶段，确定建设工程估算造价、概算造价、预算造价、招标控制价、投标报价、承包合同价、工程变更价、工程索赔价、工程结算价、施工成本控制价等不同时期的工程造价计算依据的总称。

7.3.2 建设工程定额作用

估算指标是建设项目决策阶段编制项目投资估算的依据。

概算指标是建设项目设计阶段编制初步设计概算的依据。

概算定额是建设项目技术（扩大初步）设计阶段编制扩大初步设计概算的依据。

预算消耗量定额和单位估价表是招投标阶段编制施工图预算、招标控制价以及投标报价的依据。

企业定额是招投标阶段企业编制投标报价以及建设项目实施阶段施工企业编制施工预算和控制施工成本的依据。

人工定额、材料消耗量定额、机械台班定额是建设项目实施阶段下达班组施工任务书、限额领料单的依据，也是编制企业定额及预算消耗量定额的依据。

7.3.3 建设工程定额之间的关系

估算指标由概算指标或者设计概算和历史工程结算资料分析综合编制而成；概算指标由设计概算、工程结算资料分析综合编制而成；概算定额由预算定额综合编制而成；预算定额或单位估价表由消耗量定额和人材机单价综合编制而成；消耗量定额由企业定额综合编制而成；企业定额由人工定额、材料消耗量定额、机械台班定额综合编制而成；人工定额、材料消耗量定额、机械台班定额由技术测定数据资料编制而成。建设工程定额造价关系如图 7-1 所示。

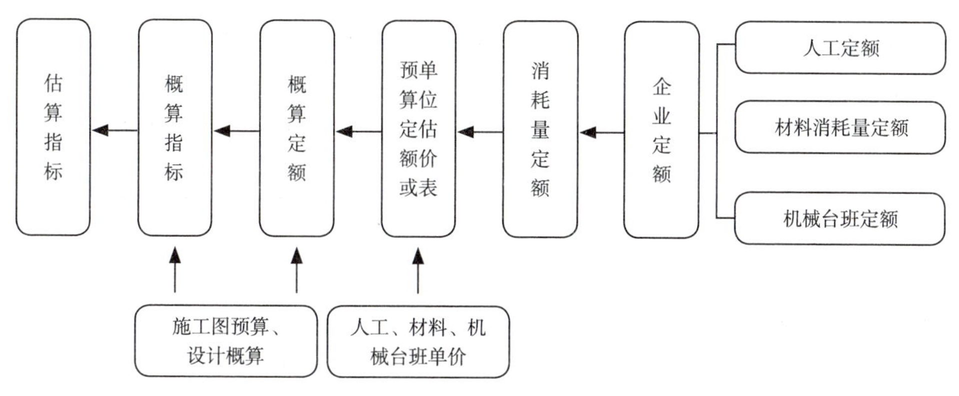

图 7-1　建设工程定额关系示意框图

7.4　定额编制方法

7.4.1　技术测定法

技术测定法是一种科学的调查研究方法。它是通过对施工过程的具体活动进行实地观察，详细记录工人和施工机械的工作时间消耗，测定完成产品的数量和有关影响因素，将记录结果进行分析研究，整理出可靠的数据资料，为编制定额提供可靠数据的一种方法。

常用的技术测定方法包括：测时法、写实记录法和工作日写实法。

1. 测时法

测时法是一种精确度比较高的技术测定方法，主要适用于研究以循环不断重复进行的施工过程。观测研究循环施工过程组成部分的工作时间消耗，不研究工人休息、准备与结束工作及其他非循环施工过程的工作时间消耗。

采用测时法，可以为制定人工定额提供完成单位产品所必需的基本工作时间的可靠数据；可以分析研究工人的操作方法，总结先进经验，帮助工人班组提高劳动生产率。

2. 写实记录法

写实记录法可以用来研究所有性质的工作时间消耗。包括基本工作时间、辅助工作时间、不可避免中断时间、准备与结束工作时间、休息时间及各种损失时间。

通过写实记录可以获得分析工作时间消耗和制订定额时所必需的全部资料。该方法比较简单，易于掌握，并能保证必要的精确度。因此，写实记录法在实际工作中得到广泛采用。

写实记录法分为个人写实记录和小组写实记录两种。由个人单独操作或产品数量可单独计算时，采用个人写实记录。如果由小组集体操作，而产品数量又无法单独计算时，可采用小组（集体）写实记录。

写实记录法记录时间的方法有数示法、图示法和混合法三种。计时工具采用有秒针的普通计时表即可。

例如，用数示写实记录法，测定某框架结构基础土方双轮车运输200m的产量定额的技术测定和写实记录步骤及计算结果如下（表7-1）：

数示法写实记录表　　表7-1

观察者：×××

项目名称	运土方分项工程	开始时间	8：20	延续时间	43分	调查号次	003
施工单位	××建筑公司	结束时间	9：03			页次	1
施工过程：双轮车运土方（运距200m）						观察对象：李××	

号次	工序名称	工序号次	起止时间		延续时间	完成产量		附注
			时-分	秒		计量单位	数量	
①	②	③	④	⑤	⑥	⑦	⑧	⑨
1	装土	×	8-20	0				每车次产量： V=每车容积 =1.2×0.6×0.4 =0.288m³/次 共运4车： 0.288×4=1.152m³ 运土产量定额： =1.152÷0.717×8小时 =1.607×8小时 =12.856m³/工日 注：按松土计算
2	运输	1	22	50	2′50″	m³	0.288	
3	卸土	2	26	0	3′10″	次	1	
4	空返	3	27	20	1′20″			
5	等候装土	4	30	0	2′40″			
6	喝水	5	31	40	1′40″			
		1	35	0	3′20″			
		2	38	30	3′30″			
		3	39	30	1′0″			
		4	42	0	2′30″			
		1	45	10	3′10″			
		2	47	30	2′20″			
		3	48	45	1′15″			
		4	51	30	2′45″			
		1	55	0	3′30″			
		2	58	0	3′0″			
		3	59	10	1′10″			
		4	9-02	05	2′55″			
		6	03	00	55″			
小计					43′			

（1）确定双轮车运输 200m 土方分项工程的工序，即装土、运输、卸土、空返、等候装土、喝水 6 个工序；

（2）将项目名称等表头的信息填写完成；

（3）准备工作完成后，上午 8：20 开始测定；

（4）根据实际运土方完成工序的号次，连续反复记录各工序的开始时间，直到运土方工作结束；

（5）记录每车次运输土方的数量（$0.288m^3$/ 次）；

（6）记录在测定时间内运土方车次（4 次）；

（7）计算各工序的延续时间，并汇总总的延续时间（43′）；

（8）计算每个工日（8 小时）双轮车 200m 运土方的产量定额为 $12.856m^3$/ 工日。

3. 工作日写实法

工作日写实法，是对工人在整个工作日中的工时利用情况，按照时间消耗的顺序，进行实地观察、记录和分析研究的一种测定方法。它可以为制订人工定额提供必需的准备与结束工作时间、休息时间和不可避免的中断时间等资料。

工作日写实法的主要作用是：在详细调查工时利用情况的基础上，分析哪些时间消耗对生产是有效的，哪些时间消耗是无效的，进而找出工时损失的原因，拟定改进的技术和组织措施，消除引起工时损失的因素，促进劳动生产率的提高，同时为编制定额提供基础资料。

工作日写实法按写实的对象不同，可分为个人工作日写实、小组工作日和机械工作日写实。

小组工作日写实是测定一个小组的工人在工作日内的工时消耗，可以是相同工种的工人，也可以是不同工种的工人。前者是为了取得同工种工人的工时消耗资料；后者是为了取得小组定额和改善劳动组织的资料。机械工作日写实是测定某一机械在一个台班内机械效能发挥的程度，以及配合工作的劳动组织是否合理，其目的在于最大限度地发挥机械的效能。

7.4.2　经验估计法

经验估计法是由定额管理专业人员、工程技术人员和经验丰富的工人结合在一起，根据个人或集体的实践经验，经过对设计图纸分析和现场施工情况分析，了解和设定施工工艺，分析施工组织和操作方法的难易程度后，对生产某一产品或某项工作所需的人工、材料、机械台班数量进行分析、讨论和估算后，通过座谈、讨论确定数据制订定额的方法。

7.4.3　统计分析法

统计分析法是将过去施工中同类工程或生产同类产品的工时消耗量、材料消耗量、机械台班消耗量的统计资料，考虑当前施工技术、施工条件、施工组织的变化因素进行统计、分析，研究制订定额的方法。

该方法可以为编制人工定额、材料消耗量定额、机械台班定额等定额提供较可靠的数据资料。

7.4.4 比较类推法

比较类推法也称典型定额法。比较类推法是在相同类型的项目中，选择有代表性的典型项目，用技术测定法测定数据编制出定额，然后根据这些定额数据用比较类推的方法编制其他类似项目相关定额的一种方法。

7.5 人工定额编制

7.5.1 人工定额的概念

人工定额也称劳动定额，它规定了在正常施工条件下、合理劳动组织和合理使用材料条件下，完成单位合格产品所必须消耗的劳动数量标准。

人工定额可分为时间定额和产量定额两种表达方式。时间定额与产量定额是互为倒数的关系，表达式如下：

$$时间定额 \times 产量定额 = 1 \quad （式 7\text{-}1）$$

7.5.2 人工定额编制原则

1. 平均先进水平原则

所谓平均先进水平是指在正常施工条件下，多数班组或工人经过努力可以达到的水平。定额消耗量越低，水平就越高。单位产品的劳动消耗量与生产力水平成反比。

之所以将定额的水平定为平均先进水平，是因为具有平均先进水平的定额才有可能促进施工企业劳动生产力水平的提高。

2. 简明适用原则

简明适用原则要求定额的内容较丰富、项目较齐全、适应性较强，能满足施工组织与管理、计算劳动报酬、工程投标报价等方面的要求，同时也要求定额简明扼要，容易为工人和业务人员所掌握。

7.5.3 人工定额的编制依据

（1）现行的人工定额；

（2）现场技术测定资料；

（3）现行的工程质量验收规范；

（4）建筑安装工人技术等级标准；

（5）建筑市场调查统计数据。

7.5.4 人工定额编制方法

1. 拟定正常的施工条件

正常的施工条件包括：工作现场对象的类别和质量要求、使用材料的名称和规格、选用的机具型号和性质、主要的施工方法和程序、劳动组织及工作地点组织等。这些条件必须适用于大多数班组，符合当前施工生产的实际情况。

2. 拟定合理的劳动组织

拟定合理的劳动组织包括拟定组成人员的数量和各成员的技术等级，并应遵循以下原则：

（1）保证小组内所有成员都能充分担负有效的工作；

（2）尽量合理地使用技术工人，使之在工作中符合技术等级的要求；

（3）尽量使技术等级较低的工人在技术等级高的工人指导下工作，逐步掌握高一级的技术水平。

3. 拟定工作地点的组织

在拟定工作地点组织时，要特别注意使工人在操作时不受干扰和妨碍，所使用的工具和材料应按使用顺序放置于最方便取用的地方，以减少疲劳并提高工作效率。应保持工作地点整洁和秩序井然，不用的工具和材料不应堆放在工作地点。

4. 定额时间确定

在全面分析各种影响因素的基础上，使用技术测定资料就可以获得定额必需的各种必须消耗的时间。将这些数据资料整理、归纳就可以计算出整个工作过程的时间定额。

定额时间包括：作业时间、准备与结束工作时间、休息时间和不可避免的中断时间。

（1）作业时间

作业时间包括基本工作时间和辅助工作时间。作业时间是产品必须消耗的主要时间，它是各种因素的集中反映，决定着整个产品的定额水平。

（2）准备与结束工作时间

准备与结束工作时间分为工作日和任务两种时间。

工作日准备与结束工作时间只反映一天内班组和工人上班的开始和结束时间；任务时间是指对一批任务而言所需的准备与结束时间。

工作日内的准备与结束工作时间可以根据测定资料分析取定，也可以通过事先编制准备与结束时间占工作日延续时间百分比的方式来确定。

另外，任务的准备与结束时间应分摊到单位产品的时间定额中。

（3）休息时间

休息时间应根据工作繁重程度及劳动条件确定，要根据多次观测的资料加以综合分析，拟定一个各类工作疲劳程度和应该休息的时间标准，一般以工作日必须休息时间占工作班全班延续时间的百分比表示。

（4）不可避免的中断时间

不可避免的中断时间是指由于施工过程交叉作业、转移操作地点和组织上的各种原因所造成的不可避免的中断时间。

5. 定额时间计算

人工定额的定额时间包括作业时间、准备与结束工作时间、休息时间、不可避免的中断时间，其计算公式为：

$$N = T_1 \times (1 + P_a + P_b + P_c) \quad \text{（式 7-2）}$$

式中　N——定额时间；

T_1——工作日作业时间；

P_a——准备与结束工作时间占工作日作业时间百分比；

P_b——工作日休息时间占工作日作业时间百分比；

P_c——不可避免的中断时间占工作日作业时间百分比。

6. 人工定额拟定举例

根据现场测定数据资料，拟定每 $10m^2$ 砖墙面水泥石灰砂浆抹灰的人工定额。

（1）调制砂浆用工

每 $1m^3$ 砂浆调制用工 0.469 工日，砂浆厚 21.5mm，每 $1m^2$ 抹灰砂浆用量 $0.0215m^3$，损耗 2%，则每 $10m^2$ 抹灰砂浆调制用工为：

$$0.469 \times 0.0215 \times 10 \times \frac{1}{1-0.02} = 0.103 \text{ 工日 } /10m^2$$

（2）砂浆运输用工

每 $1m^3$ 砂浆运输距离拟定：

水平运输距离 = 地面水平（50m）+ 底层或楼层（30m）= 80m

垂直运距 =20m

运距小计：100m

双轮车运输占 80%，人力运输占 20%；双轮车每运 $1m^3$ 砂浆 0.571 工日；人力每运 $1m^3$ 砂浆 0.725 工日；每 $1m^2$ 抹灰砂浆用量为 $0.0215m^3$，砂浆损耗率 2%，则每 10 m^2 抹灰砂浆调制量为：

$$0.0215 \times 10 \times \frac{1}{1-0.02} = 0.2194m^3$$

每 $10m^2$ 砂浆运输用工 =（$0.571 \times 80\% + 0.725 \times 20\%$）$\times 0.2194 = 0.132$ 工日 $/10m^2$

（3）抹灰用工

根据现场技术测定数据，每 $10m^2$ 抹灰的技工用工 0.575 工日。

（4）拟定 $10m^2$ 抹灰人工定额

每 $10m^2$ 水泥石灰砂浆砖墙面抹灰人工定额计算如下：

基本用工 =0.575 工日

调制和运输砂浆辅助用工 =0.103+0.132= 0.235 工日

T_1 = 工作日作业时间 = 基本用工 + 辅助用工

准备与结束时间（P_a）=$T_1 \times 5\%$

工作日休息时间（P_b）=$T_1 \times 2\%$

不可避免中断时间（P_c）=$T_1 \times 3\%$

每 $10m^2$ 水泥石灰砂浆砖墙面抹灰人工时间定额

$=T_1\times(1+P_a+P_b+P_c)$

$=(0.575+0.235)\times(1+5\%+2\%+3\%)$

$=0.810\times1.10$

=0.891 工日 $/10m^2$

7.6 材料消耗量定额编制

7.6.1 材料消耗量定额的概念

材料消耗量定额是指在正常施工及合理使用材料条件下，生产质量合格的单位产品所必须消耗的建筑安装材料的数量标准。

7.6.2 材料消耗量定额的构成与举例

1. 材料消耗量定额的构成

材料消耗量定额由完成单位合格产品所必须消耗的材料净用量和材料损耗量构成。

材料消耗量＝净用量＋损耗量

$$材料消耗量=\frac{净用量}{1-损耗率}$$

$$材料损耗率=\frac{损耗量}{消耗量}$$

2. 材料消耗量定额编制举例

某工程施工图设计说明，砖墙面水泥石灰砂浆的抹灰厚度为 21.5mm，根据施工现场测定砂浆损耗率为 2%，则每 $10m^2$ 水泥石灰抹灰砂浆的用量为：

$$0.0215\times10\times\frac{1}{1-0.02}=0.219m^3$$

7.7 机械台班定额编制

7.7.1 机械台班消耗量定额的概念

机械台班消耗量定额是在指合理使用机械和合理施工组织条件下，完成单位合格产品所必须消耗的机械台班数量。

7.7.2 机械时间定额构成

机械时间定额主要包括机械有效工作时间、机械在工作循环中不可避免的无负荷时间、与操作有关的不可避免的中断时间。机械有效工作时间是指工人利用机械对劳动对象进行加工，用于完成基本操作所消耗的时间，它与完成产品的数量成正比。

7.7.3 机械（台班）时间利用系数

机械（台班）时间利用系数是指机械净工作时间与工作班延续时间的比值，计算公式为：

$$K_B=\frac{t}{T} \tag{式 7-3}$$

式中 K_B——机械（台班）时间利用系数；

t——机械净工作时间；

T——工作班延续时间。

7.7.4 机械净工作 1 小时生产率

循环动作机械净工作 1 小时生产率，取决于该机械净工作 1 小时的正常循环次数和每次循环的产品数量。计算公式为：

$$N_h = n \cdot m \tag{式 7-4}$$

式中 N_h——机械净工作 1 小时生产率；

n——机械净工作 1 小时的循环次数；

m——每次循环的产品数量。

7.7.5 机械台班产量计算方法

机械台班产量等于该机械净工作 1 小时生产率乘以工作班延续时间，再乘以台班时间利用系数求得。计算公式为：

$$N_{台班}=N_h \cdot T \cdot K_B \tag{式 7-5}$$

式中 $N_{台班}$——机械台班产量；

N_h——机械净工作 1 小时生产率；

T——工作班延续时间；

K_B——台班时间利用系数。

7.7.6 机械台班产量定额编制举例

砂浆搅拌机净工作 1 小时的产量为 2.16m^3，工作班延续时间 6 小时，台班时间利用系数为 0.90，则砂浆搅拌机产量定额为：

$$N_{台班} = N_h \cdot T \cdot K_B = 2.16 \times 6.0 \times 0.90$$
$$= 11.664\ m^3/台班$$

7.8 消耗量定额编制

7.8.1 消耗量定额的概念

消耗量定额也称预算消耗量定额，是指完成规定计量单位的合格建筑安装产品所消耗的人工、材料、施工机械台班的数量标准。

该数量标准是指在合理的劳动组织和合理地使用材料与机械的条件下完成的。按照定额反映的生产要素不同，分为人工消耗量定额（或劳动定额）、施工机械台班消耗量定额和材料消耗量定额。

7.8.2 消耗量定额编制原则

1. 平均水平原则

平均水平是指编制消耗量定额时应遵循价值规律的要求，即按生产该产品的社会必要劳动量来确定其人工、材料、机械台班消耗量。这就是说，在正常施工条件下，以平均的劳动强度、平均的技术熟练程度、平均的技术装备条件，完成单位合格建筑产品所需的劳动消耗量来确定消耗量定额的消耗量水平。这种以社会必要劳动量来确定定额水平的原则，就称为平均水平原则。

2. 简明适用原则

定额的简明与适用原则，是统一体中的一对矛盾，如果只强调简明，适用性就差；如果单纯追求适用，简明性就差。因此，预算（消耗量）定额应在适用的基础上力求简明。

7.8.3 消耗量定额编制步骤

编制消耗量定额一般分为以下三个阶段进行：

1. 准备工作阶段

（1）当有关部门组织编制消耗量定额时，根据工程造价行政主管部门的要求，组建编制预算（消耗量）定额的领导机构和专业小组。

（2）拟定编制定额的工作方案，提出编制定额的基本要求，确定定额水平、确定编制定额的原则、适用范围，确定定额的项目划分以及定额表格形式等。

（3）调查研究，收集各种编制依据和资料。

2. 编制初稿阶段

（1）对调查和收集的资料进行分析研究。

（2）按编制方案中定额项目划分的要求和选定的典型工程施工图计算工程量。

（3）根据取定的定额项目中各项消耗量指标和有关编制依据，或采用技术测定法按编制方案中定额项目测定人工、材料和机械台班消耗量数据，编制出定额项目表。

（4）定额初稿编出后，应将新编定额与原定额进行比较，测算新定额的水平。

3. 修改和定稿阶段

组织有关部门和单位讨论新编定额，将征求到的意见交编制专业小组修改定稿，并写出送审报告，交审批机关审定。

7.8.4 建筑装饰工程消耗量定额编制方法

1. 划分定额项目

按照建设项目划分的方法，可以将建筑装饰工程划分为楼地面、墙柱面、天棚、门窗、油漆涂料等定额分部（对应分部工程项目）。楼地面定额分部可以划分为地砖面、花岗岩面、大理石面、木地板面等定额项目（分别对应分项工程项目）。

2. 选定典型工程施工图

按编制方案中的项目划分，拟编制花岗岩楼地面装饰工程项目的消耗量定额，按要求选定该项目的典型工程施工图。

3. 计量单位确定

选择定额计量单位时应当考虑计量单位能确切地反映单位产品的工料消耗量，要有利于减少定额项目，有利于简化工程量计算。

当物体长、宽、高（或深）三个度量变化不定时，应采用立方米为计量单位。

当物体的三个度量中有两个度量是变量时，应采用平方米为计量单位。

当物体的截面形状固定，只有长度一个度量为变量时，应当采用延长米为计量单位。

若某些分项工程虽然体积或面积相同，但质量和价格的差异很大时，应当以千克或吨为计量单位。

花岗岩楼地面装饰工程项目中，物体的三个度量中有两个度量是变化的量，应采用平方米为计量单位。

4. 计算典型工程的工程量

当装饰整块的楼地面面积较大时，其单位装饰面积的工料消耗，要比装饰面积小的消耗量少。所以，需要通过典型工程（具有代表性的各类型的建筑装饰工程），测算取定花岗岩楼地面装饰工程加权平均工料消耗量，该消耗量才具有代表性，才能较客观地反映建筑装饰工程的实际情况。

下面通过四个典型工程的花岗岩楼地面装饰项目，计算加权平均单间工程量，见表 7-2。

各典工程花岗岩楼地面房间数与面积　　表 7-2

典型工程	花岗岩楼地面面积 /m²	房间数量 / 间	本类工程占装饰工程百分比 /%
A 类工程	1875	75	10
B 类工程	1085	87	35
C 类工程	2577	96	50
D 类工程	4104	4	5

典型工程花岗岩楼地面加权平均单间面积

$=(1875\div75)\times10\%+(1085\div87)\times35\%+(2577\div96)\times50\%+(4104\div4)\times5\%$

$=71.59\text{m}^2/\text{间}$

5. 计算每 100m^2 花岗岩楼地面块料用量

计算公式为：

$$\text{每 }100\text{ m}^2\text{ 块料用量}=\frac{100}{(\text{块料长}+\text{灰缝宽})\times(\text{块料宽}+\text{灰缝宽})}\div(1-\text{损耗率})$$

根据技术测定资料，花岗岩规格和灰缝尺寸及施工损耗如下：

花岗岩块料尺寸：500mm × 500mm × 20mm，花岗岩损耗率 2.5%。

花岗岩块料灰缝尺寸：宽 1mm，深 20mm。

$$每\ 100m^2\ 花岗岩块料用量 = \frac{100}{(0.50+0.001)\times(0.50+0.001)} \div (1-2.5\%)$$

$$= 100 \div 0.251 \div 0.975$$

$$= 398.41 \div 0.975$$

$$= 408.63\ 块/100m^2$$

6. 计算贴每 $100m^2$ 花岗岩楼地面的砂浆用量

根据技术测定资料，花岗岩楼地面的砂浆结合层和灰缝宽度及损耗率为：

结合层厚：15mm，砂浆损耗率 5%。

花岗岩块料灰缝尺寸：宽 1mm，深 20mm，砂浆损耗率 5%。

$$每\ 100m^2\ 结合层砂浆用量 = 100m^2 \times 结合层厚 \div (1-损耗率)$$

$$= 100 \times 0.015 \div 0.95$$

$$= 1.50 \div 0.95$$

$$= 1.579m^3$$

每 100 m^2 块料面层的灰缝砂浆用量

$=[100-(块料长 \times 块料宽 \times 100m^2\ 块料净用量)] \times 灰缝深 \div (1-损耗率)$

$=(100-0.50 \times 0.50 \times 398.41) \times 0.02 \div (1-5\%)$

$=0.398 \times 0.02 \div 0.95 = 0.00796 \div 0.95$

$=0.008m^3$

每 100 m^2 块料面层灰缝、结合层砂浆用量小计 $=1.579+0.008=1.587m^3/100m^2$

7. 花岗岩楼地面面层块料及砂浆定额用量计算

装饰工程预算定额中楼地面装饰工程的计算规则规定：

楼地面装饰面积按饰面的净面积计算，不扣除 $0.1m^2$ 以内的孔洞（如排水管道孔）所占面积。

根据上述规定，需要调整楼地面房间的净面积后才能确定材料消耗量。

计算公式为：

$$\begin{matrix}每\ 100m^2\ 花岗岩楼地\\面面层块料定额用量\end{matrix} = \left(\begin{matrix}典型工程加权\\平均单间面积\end{matrix} + 调整面积\right) \div \begin{matrix}典型工程加权\\平均单间面积\end{matrix} \times \begin{matrix}每\ 100m^2\ 块\\料耗用量\end{matrix}$$

$$\begin{matrix}每\ 100m^2\ 花岗岩楼地\\面面层砂浆定额用量\end{matrix} = \left(\begin{matrix}典型工程加权\\平均单间面积\end{matrix} + 调整面积\right) \div \begin{matrix}典型工程加权\\平均单间面积\end{matrix} \times \begin{matrix}每\ 100m^2\ 砂\\浆耗用量\end{matrix}$$

根据上述花岗岩块料和砂浆用量计算结果及表 7-1 中数据，确定每 $100m^2$ 花岗岩楼地面的定额材料消耗量（表 7-3）。

花岗岩楼地面 $0.1m^2$ 内孔洞减少面积测定数据表　　表 7-3

工程名称	$0.1m^2$ 内孔洞减少面积 $/m^2$	房间数 / 间	占装饰工程百分比 /%
A 类工程	2.46	75	10
B 类工程	1.87	87	35
C 类工程	1.12	96	50
D 类工程	1.33	4	5

花岗岩楼地面调整面积 = ∑（增加面积 – 减少面积）÷ 房间数 × 占装饰工程百分比

=（0–2.46）÷ 75 × 10%+（0–1.87）÷ 87 × 35% +（0–1.12）÷ 96 × 50%+（0–1.33）÷ 4 × 5%

= –（0.00328+0.00752+0.00583+0.01663）

= $-0.033m^2$/ 间

花岗岩块料定额用量 =（每间块料用量 + 调整用量）÷ 每间块料用量 × 每 $100m^2$ 块料用量

=（71.59–0.033）÷ 71.59 × 408.63

= 71.557 ÷ 71.59 × 408.63=0.9995 × 408.63

= $408.44m^2/100m^2$

花岗岩楼地面砂浆定额用量 =（块料用量 + 调整用量）÷ 块料用量 × 每 $100m^2$ 砂浆用量

=（71.59–0.033）÷ 71.59 ×（1.579+0.008）

= 0.9995 × 1.587

= $1.586m^3/100m^2$

8. 确定花岗岩楼地面定额项目人工消耗量

消耗量定额的用工是指完成该定额项目必须耗用的各种用工，包括基本用工、材料超运距用工、辅助用工和人工幅度差。

（1）基本用工

基本用工是指完成该分项工程的主要用工，如花岗岩楼地面项目中铺设花岗岩板、调制砂浆、运花岗岩板及砂浆的用工等。

查某人工定额的花岗岩楼地面定额项目的基本用工见表 7-4。

花岗岩楼地面基本用工　　表 7-4

工作内容	用工数量
铺设花岗岩板（含调制砂浆及 50m 内材料运输）	2.178 工日 /（$10m^2$）

（2）材料超运距用工

消耗量定额中的材料、半成品拟定的平均运距，要比人工定额的平均运距长。因此，在编制消耗量定额时，要计算材料、半成品超运距用工。

材料、半成品超运距计算见表 7-5。

贴花岗岩楼地面的材料、半成品超运距　　表 7-5

材料、半成品名称	预算定额确定的运距（m）	劳动定额确定的运距（m）	超运距（m）
砂	80	50	30
花岗岩板	120	50	70
砂浆	130	50	80

查某人工定额，花岗岩楼地面材料、半成品超运距增加用工见表 7-6。

每 $10m^2$ 花岗岩楼地面的砂用量为 $0.161m^3$，根据表 7-5 算出的超运距和表 7-6 的超运距用工，计算出每 $100m^2$ 花岗岩楼地面材料、半成品的超运距用工。

花岗岩楼地面材料、半成品超运距增加用工　　表 7-6

材料、半成品名称	单位	每超运 20m 的时间定额（工日）
砂	m^3	0.017
花岗岩板	$10m^2$	0.014
砂浆	$10\ m^3$	0.006

砂超运距用工：$0.161m^3/10m^2 \times 0.017$ 工日 $/m^3 \times 2$ 个步距 $\times 10 = 0.055$ 工日 $/100m^2$

花岗岩板超运距用工：0.014 工日 $/10m^2 \times 4$ 个步距 $\times 10 = 0.56$ 工日 $/100m^2$

砂浆超运距用工：0.006 工日 $/10m^3 \times 4$ 个步距 $\times 10 = 0.24$ 工日 $/100m^2$

超运距用工小计：0.855 工日 $/100m^2$

（3）辅助用工

辅助用工是指施工现场发生的加工材料的用工，如筛砂子的用工等。

查某人工定额，每 $100m^2$ 花岗岩楼地面所用砂的筛砂用工计算如下：

筛砂子：$1.61m^3/100m^2 \times 0.21$ 工日 $/m^3 = 0.338$ 工日 $/100m^2$

（4）人工幅度差

人工幅度差是指建筑装饰工程在正常施工条件下，人工定额没有计算到的用工因素的增加工日和定额水平差的工日数。

例如，各工种交叉作业配合工作的停歇时间，工程质量检查和工程隐蔽、验收等占用的时间。消耗量定额与人工定额之间的人工幅度差系数一般取定为 10%。

计算公式为：

人工幅度差 =（基本用工 + 超运距用工 + 辅助用工）× 10%

计算 100m^2 花岗岩楼地面的人工幅度差。

花岗岩楼地面人工幅度差 =（2.178 × 10+0.855+0.338）× 10%

= 22.973 × 10%=2.30 工日 /100m^2

9. 确定花岗岩楼地面消耗量定额用工

计算 100m^2 花岗岩楼地面的预算定额用工。

花岗岩楼地面消耗量定额用工

=（基本用工 + 超运距用工 + 辅助用工）×（1+ 人工幅度差系数）

=（21.78+0.855+0.338）×（1+10%）

= 22.973 × 1.10

= 25.27 工日 /100m^2

10. 确定花岗岩楼地面定额项目机械台班消耗量

消耗量定额的施工机械台班消耗量指标的计量单位是台班，一台机械工作 8 小时为 1 个台班。

在消耗量定额中，以使用机械为主的项目（如机械打桩、空心板吊装等），其工人组织和台班产量应按人工定额中的机械施工项目综合而成。此外，还要计算机械幅度差。

装饰工程贴砖、吊顶等消耗量定额项目中的施工机械，是配合工人班组工作的。所以，应按工人小组来配置砂浆搅拌机、石料切割机，并计算台班使用量，不能按施工机械本身的产量来计算。配合工人小组施工的机械不计算机械幅度差。计算公式为：

消耗量定额项目机械台班使用量 = 定额项目计量单位 ÷ 小组总产量

根据下列资料计算花岗岩楼地面机械台班使用量。

贴花岗岩产量定额：3.954m^2/ 工日；

小组人数：12 人 / 组；

砂浆搅拌机为 4 个小组共用一台；

石料切割机每个小组一台。

砂浆搅拌机 200L= 100m^2 ÷（3.954m^2/ 工日 × 12 × 4）

= 0.527 台班 /100m^2

石料切割机 = 100m^2 ÷（3.954m^2 / 工日 × 12）

= 2.108 台班 /（100m^2）

11. 花岗岩楼地面消耗量定额编制实例

（1）花岗岩楼地面定额项目消耗量计算

综上所述，花岗岩楼地面项目的消耗量定额用量计算过程可以通过表 7-7 来表达。

花岗岩楼地面定额项目消耗量计算表 **表 7-7**

定额单位：$100m^2$

项目		计算式	单位	数量
人工		（基本用工 + 超运距用工 + 辅助用工）×（1+ 人工幅度差系数） =（21.78 + 0.855 + 0.338）×（1+10%） = 22.973 × 1.10 = 25.27 工日 /$100m^2$	工日	25.27
主要材料	花岗岩板材	花岗岩块料定额用量 =（每间块料用量 + 调整用量）÷ 每间块料用量 × 每 $100m^2$ 块料用量 =（71.59 − 0.033）÷ 71.59 × 408.63 = 71.557 ÷ 71.59 × 408.63 = 0.9995 × 408.63 = 408.44 块 /$100m^2$	块	408.44
	砂浆用量	花岗岩楼地面砂浆定额用量 =（块料用量 + 调整用量）÷ 块料用量 × 每 $100m^2$ 砂浆用量 =（71.59 − 0.033）÷ 71.59 ×（1.579 + 0.008） = 0.9995 × 1.587 = $1.586m^3$ /$100m^2$	m^3	1.586
机械台班	—	机械台班使用量 = 定额项目计量单位 ÷ 小组总产量	—	—
	砂浆搅拌机	砂浆搅拌机 =$100m^2$ ÷（$3.954m^2$ / 工日 × 12 × 4） =0.527 台班 /$100m^2$	台班	0.527
	石料切割机	石料切割机 =$100m^2$ ÷（$3.954m^2$ / 工日 × 12） =2.108 台班 /（$100m^2$）	台班	2.108

（2）花岗岩楼地面项目消耗量定额项目表

花岗岩楼地面项目消耗量定额项目表见表 7-8。

花岗岩楼地面消耗量定额项目表 **表 7-8**

工程内容：略 单位：$100m^2$

定额编号			7-1	7-2	7-3
项目		单位	花岗岩楼地面		
			周长 2m 内	周长 3m 内	周长 4m 内
人工	综合用工	工日	25.27		
材料	花岗岩板材	块	408.44		
	水泥砂浆	m^3	1.586		
机械	砂浆搅拌机 200L	台班	0.451		
	石料切割机	台班	0.451		

7.8.5 定额消耗量与工程量计算规则的关系

1. 根据典型工程确定定额消耗量

消耗量定额、计价定额的材料消耗量是根据典型工程的施工情况，进行了加权平均计算得出的，是反映了定额项目消耗的社会平均水平，综合确定的消耗量。

2. 定额消耗量与工程量计算规则是同时产生

计算工程量时应按照工程量计算规则规定计算。例如计算规则规定按照施工图尺寸计算花岗岩楼地面工程量时，小于 $0.1m^2$ 的孔洞面积不扣除，但实际上在编制定额时已经作了扣除，见表 7-7。

工程量计算规则是在编制定额时与确定消耗量的方法同时产生的，规定不予扣除的内容，编制定额时已经作了扣除；规定不予增加的工程量内容，已经在编制定额时增加了该内容。

该处理方法告诉我们：定额消耗量与工程量计算规则同时产生的做法，是为了简化工程量的计算过程。

7.9 计价定额编制

7.9.1 计价定额的概念

广义的计价定额包括：估算指标、概算指标、概算定额、消耗量定额、预算定额和单位估价表、企业定额和费用定额等。

狭义的计价定额是指预算定额或者单位估价表。预算定额包含人材机消耗量及单价和基价的货币量，单位估价表是 20 世纪 50 至 80 年代对含消耗量和预算定额的称谓。

本章节主要研究狭义的计价定额。

狭义的计价定额是指完成规定计量单位的合格建筑安装产品所消耗的人工、材料、施工机械台班的数量和货币量的标准。

该数量标准指对应消耗量定额项目的人工、材料、机械台班消耗量，货币量标准是指人工、材料、机械台班分别乘以人工单价、材料单价、机械台班单价及基价货币量。

7.9.2 计价定额编制原则

由于计价定额的人工、材料、机械台班量从消耗量定额复制而来，其消耗量没有改变，定额水平就没有改变，故其“平均水平”和“简明适用”编制原则也没有改变。

7.9.3 计价定额编制步骤

计价定额亦称预算定额或单位估价表，包含定额项目的人工、材料、机械台班消耗量和人工费、材料费、机械费及定额基价。

计价定额的编制步骤（图 7-2）为：

（1）将消耗量定额中的人工、材料、机械台班的名称、单位、消耗量数据填写到计价定额表中；

（2）将人工单价、材料单价、机械台班单价填写到计价定额表中的对应栏目；

（3）人工工日乘以人工单价，汇总为人工费；

（4）材料用量乘以材料单价，汇总为材料费；

（5）机械台班量乘以台班单价，汇总为机械费；

（6）将人工费、材料费、机械费汇总为计价定额的定额基价。

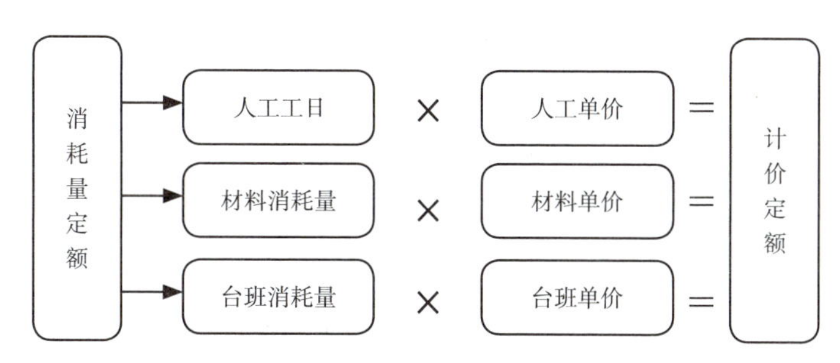

图 7-2 计价定额编制步骤示意图

7.9.4 基于工资标准的人工单价编制

1. 人工单价的概念

人工单价也称工日单价，传统的人工单价是指预算定额的用工单价，一般包括基本工资、工资性津贴和相关的保险费等。

2. 工资标准与工资等级系数

20 世纪 50 至 80 年代，传统的基本工资是根据工资标准计算的。现阶段企业的工资标准大多由企业自行制订。为了从理论上了解工资标准的确定原理与方法，就需要了解原工资标准的计算方法。

（1）工资标准的概念

工资标准是指工人在单位时间内（日或者月）根据不同技术等级对应的工资等级，取得的工资数额。

（2）工资等级

工资等级是指按国家或者企业有关规定按照劳动者的技术水平、熟练程度和工作责任大小等因素划分的工资级别。

（3）工资等级系数

工资等级系数也称工资级差系数，是某一等级的工资标准与一级工工资标准的比值。

（4）等比级差工资等级系数

等比级差工资等级系数是指各等级系数之间的级差百分比相等的工资等级系数。例如，建筑工人工资标准的等比级差系数，是一个公比为 1.187 的等比级差数列。

（5）建筑工人等比级差工资等级系数与工资标准

例如，某大型企业的建筑工人工资标准见表 7-9。

某大型企业的建筑工人工资标准表　　表 7-9

工资等级 n	一	二	三	四	五	六	七
工资等级系数 K_n	1.000	1.187	1.409	1.672	1.985	2.356	2.797
级差（%）	—	18.7	18.7	18.7	18.7	18.7	18.7
月工资标准 F_n（元）	2325	2760	3276	3887	4615	5478	6503

表 7-9 中各工资等级的等级系数 K_n=（1.187）$^{n-1}$

式中　n——工资等级；

K_n——n 级工资等级系数；

1.187——等比级差的公比。

3. 工资等级系数计算

【例 7-1】根据公式 K_n =（1.187）$^{n-1}$ 计算建筑四级工的工作等级系数。

解：K_4 =（1.187）$^{4-1}$ =1.672

【例 7-2】求 4.6 级建筑工人的工资等级系数。

解：$K_{4.6}$ =（1.187）$^{4.6-1}$ =1.854

还可以用插值公式计算工资等级系数：

$K_{nm} = K_n +（K_{n+1} - K_n）\times m$

式中　K_{nm}——$n.m$ 等级的工资等系数，其中 n 为整数等级，m 为小数等级。

【例 7-3】利用插值计算公式和表 7-9 中的等级系数，试计算 4.6 级工的工资等级系数。

解：$K_{4.6}$ =1.672+（1.985 – 1.672）× 0.6

=1.672+0.313 × 0.6 = 1.860

4. 月工资标准计算

月工资标准计算公式：

$$F_n = F_1 \times K_n \qquad （式 7-6）$$

式中　F_1——一级工工资标准；

F_n——n 级工工资标准；

K_n——n 级工工资等级系数。

【例 7-4】已知某企业一级工月工资标准为 2325 元，三级工工资等级系数为 1.409。试计算三级工工资标准。

解：F_3 = 2325 × 1.409 = 3275.93 元 / 月

【例 7-5】已知一级工资 F_1= 2325 元 / 月，试计算 4.8 级工资。

解：$K_{4.8}$ =1.672+（1.985–1.672）× 0.8 = 1.672+0.313 × 0.8

=1.922

或者 $K_{4.8}$=（1.187）$^{4.8-1}$ =1.918

$F_{4.8}=2325\times1.918=4459.35$ 元 / 月

说明：由于 1.922 结果是插值部分采用直线插值，所以存在一定误差是正常现象。

5. 计价定额中砖基础项目人工费计算方法

【例 7-6】某砖工小组由 12 名工人组成，各等级的工人数及对应的工资等级如下：二级工 1 人，三级工 2 人，四级工 5 人，五级工 3 人，六级工 1 人。试计算小组的综合平均工资等级。

解：1）计算工人班组的综合平均工资等级系数。

$$综合平均工资等级=\frac{\sum(工资等级\times同等级人数)}{小组总人数}=\frac{2\times1+3\times2+4\times5+5\times3+6\times1}{12}$$

$$=\frac{49}{12}==4.08\text{ 级}$$

2）根据表 7-9 中数据和 4.08 工作等级的工资标准。

综合平均等级月工资标准 $F_{4.08}=2325\times1.187^{4.08-1}$

$$=2325\times1.696=3943.20\text{ 元 / 月}$$

$$工日单价=\frac{综合平均工资等级月工资标准}{月平均工作天数}=\frac{3943.20}{20.83}=189.30\text{ 元 / 工日}$$

某砖基础项目计价定额的人工消耗量为 12.18 工日 /10m^3，其定额人工费 =12.18 工日 / 10m$^3\times$189.30 元 / 工日 =2305.67 元 /10m^3。

6. 工资标准计算小结

1.187 等比级差数列的公比，较好地反映了工人技术等级与工作标准之间的客观规律。

该计算方法实用性强，只要先确定一级工工资标准和各等级的工资等级系数，就可以很方便地计算出其他各等级（包括含小数等级）的工资标准。

7.9.5 基于市场经济条件下人工单价编制方法

1. 根据劳务市场行情确定人工单价

目前，根据劳务市场行情确定人工单价已经成为计算工程劳务费的主流方式，采用这种方法确定人工单价应注意以下几个方面的问题：

（1）要尽可能掌握劳动力市场价格中长期历史资料，使未来采用数学模型预测人工单价将成为可能。

（2）在确定人工单价时要考虑用工的季节性变化。当大量聘用农民工时，要考虑农忙季节时人工单价的变化。

（3）在确定人工单价时要采用加权平均的方法综合各劳务市场或各劳务队伍的劳动力单价。

（4）要分析拟建工程的工期对人工单价的影响。如果工期紧，那么人工单价按正常情况确定后要乘以大于 1 的调整系数。如果工期有拖长的可能，那么也要考虑工期延长带来的风险。

根据劳务市场行情确定人工单价的数学模型描述如下：

$$人工单价 = \sum_{i=1}^{n}（某劳务市场人工单价 \times 权重）_i \times 季节变化系数 \times 工期风险系数$$

【例 7-7】据市场调查取得的资料分析，抹灰工在劳务市场的价格分别是：甲劳务市场 205 元 / 工日，乙劳务市场 188 元 / 工日，丙劳务市场 194 元 / 工日。调查表明，各劳务市场可提供抹灰工的比例分别为：甲劳务市场 40%，乙劳务市场 26%，丙劳务市场 34%。当季节变化系数为 1.03，工期风险系数为 1.02 时，试计算抹灰工的人工单价。

解：抹灰工工日单价 =（205 × 40%+188 × 26%+194 × 34%）× 1.03 × 1.02

=（82+48.88+65.96）× 1.03 × 1.02 = 196.84 × 1.03 × 1.02

= 206.80 元 / 工日

2. 根据以往承包工程的人工单价确定

如果在本地以往承包过同类工程，可以根据以往承包工程的情况确定人工单价。

例如，以往在某地区承包过 3 个与拟建工程基本相同的工程，砖工每个工日支付了 185.00 ~ 195.00 元，这时就可以进行具体对比分析，在上述范围内（或超过一点范围）确定投标报价的砖工人工单价。

3. 根据预算定额规定的工日单价确定

凡是分部分项工程项目含有基价的预算定额，都明确规定了人工单价，可以以此为依据确定拟投标工程的人工单价。

例如，某省预算定额的建筑工人每个工日单价为 135.00 元，可以根据市场行情在此基础上乘以 1.2 ~ 1.6 的系数，确定拟投标工程的人工单价。

7.9.6 材料单价编制方法

1. 材料单价的概念

材料单价是指材料从采购起运到工地仓库或堆放场地后的出库价格，包括原价、运杂费、采购及保管费。一般情况下，包装费已包括在原价中，不单独计算。

2. 材料单价的费用构成

由于材料采购和供货方式不同，构成材料单价的费用也不相同。一般有以下几种：

（1）材料供货到工地现场

当材料供应商将材料供货到施工现场或施工现场的仓库时，材料单价由材料原价、采购保管费构成。

（2）在供货地点采购材料

当需要采购员到供货地点采购材料时，材料单价由材料原价、运杂费、采购保管费构成。

（3）需二次加工的材料

当某些材料采购回来后，还需要进一步加工的，材料单价除了上述费用外，还包括二次加工费。

3. 材料原价的确定

材料原价是指付给材料供应商的材料单价。当某种材料有两个或两个以上的材料供应商供货且材料原价不同时，要计算加权平均材料原价。

加权平均材料原价的计算公式为：

$$加权平均材料原价=\frac{\sum_{i=1}^{n}(材料原价\times材料数量)_i}{\sum_{i=1}^{n}(材料数量)_i}$$

提示：式中 i 是指不同的材料供应商；包装费及手续费均已包含在材料原价中。

【例 7-8】某工地所需的某品牌墙面砖由三个材料供应商供货，其数量和原价见表 7-10。试计算墙面砖的加权平均原价。

墙面砖数量和单价 表 7-10

供应商	墙面砖数量（m^2）	供货单价（元／m^2）
甲	1500	68.00
乙	800	64.00
丙	730	71.00

解：

$$墙面砖加权平均原价=\frac{68\times1500+64\times800+71\times730}{1500+800+730}$$

$$=\frac{205030}{3030}=67.67\ 元/m^2$$

4. 材料运杂费计算

材料运杂费是指在材料采购后运至工地现场或仓库所发生的各项费用，包括装卸费、运输费和合理的运输损耗费等。

材料装卸费按行业市场价支付。

材料运输费按行业运输价格计算，若供货来源地点不同且供货数量不同时，需要计算加权平均运输费，其计算公式为：

$$加权平均运输费=\frac{\sum_{i=1}^{n}(运输单价\times材料数量)_i}{\sum_{i=1}^{n}(材料数量)_i}$$

材料运输损耗费是指在运输和装卸材料过程中，不可避免产生的损耗所发生的费用，一般按下列公式计算：

材料运输损耗费＝（材料原价＋装卸费＋运输费）× 运输损耗率

【例 7-9】在【例 7-8】条件下墙面砖由三个地点供货，根据表 7-11 资料试计算墙面砖运杂费。

墙面砖资料　　表 7-11

供货地点	墙面砖数量（m^2）	运输单价（元 / m^2）	装卸费（元 / m^2）	运输损耗率（%）
甲	1500	1.10	0.50	1
乙	800	1.60	0.55	1
丙	730	1.40	0.65	1

解：1）计算加权平均装卸费：

$$\text{墙面砖加权平均装卸费}=\frac{0.50\times1500+0.55\times800+0.65\times730}{1500+800+730}$$

$$=\frac{1664.5}{3030}=0.55\text{ 元}/m^2$$

2）计算加权平均运输费：

$$\text{墙面砖加权平均运输费}=\frac{1.10\times1500+1.60\times800+1.40\times730}{1500+800+730}$$

$$=\frac{3952}{3030}=1.30\text{ 元}/m^2$$

3）计算运输损耗费：

墙面砖运输损耗费 =（材料原价 + 装卸费 + 运输费）× 运输损耗率

$=(67.67+0.55+1.30)\times1\%$

$=0.70$ 元 /m^2

4）运杂费小计：

墙面砖运杂费 = 装卸费 + 运输费 + 运输损耗费

$=0.55+1.30+0.70=2.55$ 元 /m^2

5. 材料采购保管费计算

材料采购保管费是指施工企业在组织采购材料和保管材料过程中发生的各项费用。包括采购人员的工资、差旅交通费、通信费、业务费、仓库保管费等各项费用。

采购保管费一般按前面计算的与材料有关的各项费用之和乘以一定的费率计算。费率通常取 1% ~ 3%。计算公式为：

材料采购保管费＝（材料原价＋运杂费）× 采购保管费率

【例 7-10】在【例 7-9】中，墙面砖的采购保管费率为 2%，根据前面墙面砖的两项计算结果，试计算其采购保管费。

解：

墙面砖采购保管费 =（67.67+2.55）×2%=1.40 元 /m^2

6. 材料单价确定的计算公式

通过上述分析可以知道，材料单价的计算公式为：

材料单价 = 材料原价 + 材料运杂费 + 采购保管费

= （材料原价 + 材料运杂费）×（1+ 采购保管费率）

【例 7-11】根据【例 7-8】~【例 7-10】计算出的结果，试汇总墙面砖材料单价。

解：墙面砖材料单价 = 67.67+2.55+1.40 = 71.62 元 /m^2

7.9.7 机械台班单价编制方法

1. 机械台班单价的概念

机械台班单价是指在单位工作班中为使机械正常运转所分摊和支出的各项费用。

2. 机械台班单价的费用构成

按有关规定，机械台班单价由七项费用构成。这些费用按其性质划分为第一类费用和第二类费用。

（1）第一类费用

第一类费用也称不变费用，是指属于分摊性质的费用。具体包括折旧费、大修理费、经常修理费、安拆及场外运输费等。

（2）第二类费用

第二类费用也称可变费用，是指属于支出性质的费用。具体包括燃料动力费、人工费及车船使用税等。

3. 第一类费用计算

从简化计算的角度出发，折旧费的计算方法如下：

（1）折旧费

$$台班折旧费 = \frac{购置机械全部费用 \times （1- 残值率）}{耐用总台班}$$

其中，购置机械全部费用是指机械从购买地运到施工单位所在地发生的全部费用。包括原价、购置税、保险费及牌照费、运费等。

耐用总台班计算方法为：

$$耐用总台班 = 预计使用年限 \times 年工作台班$$

机械设备的预计使用年限和年工作台班可参照有关部门指导性意见，也可根据实际情况自主确定。

【例 7-12】5t 载重汽车的成交价为 75000 元，购置附加税税率 10%，运杂费 2000 元，耐用总台班 2000 个，残值率为 3%。试计算台班折旧费。

解：

$$\text{5t载货汽车台班折旧费}=\frac{[7500\times(1+10\%)+2000]\times(1-3\%)}{2000}$$

$$=\frac{81965}{2000}=40.98\text{ 元/台班}$$

（2）大修理费

大修理费是指机械设备按规定到了大修理间隔台班需进行大修理，以恢复正常使用功能所需支出的费用，计算公式为：

$$\text{台班大修理费}=\frac{\text{一次大修理费}\times(\text{大修理周期}-1)}{\text{耐用总台班}}$$

【例 7-13】5t 载重汽车一次大修理费为 8700 元，大修理周期为 4 个，耐用总台班为 2000 个。试计算台班大修理费。

解：

$$\text{5t载货汽车台班大修理费}=\frac{8700\times(4-1)}{2000}=\frac{26100}{2000}=13.05\text{ 元/台班}$$

（3）经常修理费

经常修理费是指机械设备除大修理外的各级保养及临时故障所需支出的费用。包括为保障机械正常运转所需替换设备，随机配置的工具、附具的摊销及维护费用，机械正常运转及日常保养所需润滑、擦拭材料费用和机械停置期间的维护保养费用等。

台班经常修理费可以用下列简化公式计算：

$$\text{台班经常修理费}=\text{台班大修理费}\times\text{经常修理费系数}$$

【例 7-14】经测算 5t 载重汽车的台班经常修理费系数为 5.41，试根据 5t 载货汽车大修理费计算台班经常修理费。

解：

5t 载货汽车台班经常修理费 $=13.05\times5.41=70.60$ 元 / 台班

（4）安拆及场外运输费

安拆费是指机械在施工现场进行安装、拆卸所需人工、材料、机械费和试运转费，以及机械辅助设施（如行走轨道、枕木等）的折旧、搭设、拆除费用。

场外运输费是指机械整体或分体自停置地点运至施工现场或由一工地运至另一工地的运输、装卸、辅助材料以及架线费用。

该项费用在实际工作中可以采用两种方法计算：一种是当发生时在工程报价中已经计算了这些费用，那么编制机械台班单价就不再计算；另一种是根据往年发生费用的年平均数除以年工作台班计算。计算公式为：

$$台班安拆及场外运输费 = \frac{历年统计安拆及场外运输费的年平均数}{年工作台班}$$

【例 7-15】6t 内塔式起重机（行走式）的历年统计安拆及场外运输费的年平均数为 9870 元，年工作台班 280 个。试计算台班安拆及场外运输费。

解：

$$台班安拆及场外运输费 = \frac{9870}{280} = 35.25 元/台班$$

4. 第二类费用计算

（1）燃料动力费

燃料动力费是指机械设备在运转中所耗用的各种燃料、电力、风力等的费用。计算公式为：

$$台班燃料动力费 = 每台班耗用的燃料或动力数量 \times 燃料或动力单价$$

【例 7-16】5t 载重汽车每台班耗用汽油 31.66kg，汽油单价 7.85 元 /kg。试计算台班燃料费。

解：

台班燃料费＝ 31.66 × 7.85=248.53 元 / 台班

（2）人工费

人工费是指机上司机、司炉和其他操作人员的工日工资。计算公式为：

$$台班人工费 = 机上操作人员人工工日数 \times 人工单价$$

【例 7-17】5t 载重汽车每个台班的机上操作人员工日数为 1 个工日，人工单价 235 元。试计算台班人工费。

解：

台班人工费＝ 235.00 × 1=235.00 元 / 台班

（3）车船使用税等

车船使用税等是指按国家规定应缴纳的机动车车船使用税、保险费及年检费。计算公式为：

$$车船使用税等 = \frac{核定吨位 \times 车船使用税[元/(t \cdot 年)]}{年工作台班} + 保险费及年检费$$

式中：

$$保险费及年检费 = \frac{年保险费及年检费}{年工作台班}$$

【例 7-18】5t 载重汽车应缴车船使用税 40 元 /（t· 月），每年应缴纳车船使用税 40 元 /t，年工作台班 250 个，5t 载重汽车年缴保险费、年检费共计 2000 元。试计算台班车船使用税等。

解：

$$车船使用税等=\frac{5\times 40}{250}+\frac{2000}{250}=0.80+8.00=8.80\ 元/台班$$

5. 机械台班单价计算实例

将上述计算 5t 载重汽车台班单价的计算过程汇总成台班单价计算表，见表 7-12。

机械台班单价计算表　　表 7-12

项目		5t 载重汽车		
台班单价		单位	金额	计算式
		元	652.21	159.88+492.33=652.21
第一类费用	折旧费	元	40.98	$\frac{[7500\times(1+10\%)+2000]\times(1-3\%)}{2000}=40.98$
	大修理费	元	13.05	$\frac{8700\times(4-1)}{2000}=13.05$
	经常修理费	元	70.60	13.05 × 5.41=70.60
	安拆及场外运输费	元	35.25	9870 ÷ 280=35.25
小 计		元	159.88	
第二类费用	燃料动力费	元	248.53	31.66 × 7.85=248.53
	人工费	元	235.00	235.00 × 1=235.00
	车船使用税等	元	8.80	$\frac{5\times 40}{250}+\frac{2000}{250}=8.80$
小 计		元	492.33	

7.9.8 计价定额编制方法

1. 计价定额表格设计

计价定额（单位估价表）是在消耗量定额（表 7-13）的基础上，增加“基价、单价、人工费、材料费、机械费”等栏目而成的，见表 7-14。

2. 确定“人、材、机”单价

某地区与花岗岩楼地面装饰有关的人、材、机单价摘录如下：

人工单价：210.00 元 / 工日

500 × 500 规格花岗岩板材：103.55 元 / 块

水泥砂浆：372.18 元 /m^3

200L 砂浆搅拌机：86.76 元 / 台班

石料切割机：35.92 元 / 台班

花岗岩楼地面消耗量定额 **表 7-13**

工程内容：略 单位：100m²

定额编号			7-1	7-2	7-3
项目		单位	花岗岩楼地面		
			周长 2m 内	周长 3m 内	周长 4m 内
人工	综合用工	工日	25.29		
材料	花岗岩板材	块	408.43		
	水泥砂浆	m^3	1.586		
机械	砂浆搅拌机 200L	台班	0.451		
	石料切割机	台班	0.451		

花岗岩楼地面计价定额（单位估价）项目表 **表 7-14**

工程内容：略 单位：100m²

定额编号				7-1	7-2	7-3
项目				花岗岩楼地面		
				周长 2m 内	周长 3m 内	周长 4m 内
基价		单位	单价			
其中	人工费	元				
	材料费	元				
	机械费	元				
人工	综合工日	工日		25.29		
材料	花岗岩板材	块		408.43		
	水泥砂浆	m^3		1.586		
机械	砂浆搅拌机 200L	台班		0.451		
	石料切割机	台班		0.451		

7.9.9 编制计价定额（单位估价表）

1. 填写“人、材、机”单价

将上述花岗岩楼地面项目人工、材料、机械台班单价填写到表 7-15 中。

2. 计算人工费、材料费、机械费和基价

根据表 7-15 编制的单位估价表，见表 7-16。

花岗岩楼地面计价定额（单位估价）项目表　　表 7-15

工程内容：略　　单位：100 m²

定额编号				7-1	7-2	7-3
项目		单位	单价（元）	花岗岩楼地面		
				周长 2m 内	周长 3m 内	周长 4m 内
基价		元				
其中	人工费	元				
	材料费	元				
	机械费	元				
人工	综合用工	工日	210.00	25.29		
材料	花岗岩板材	块	103.55	408.43		
	水泥砂浆	m^3	372.18	1.586		
机械	砂浆搅拌机 200L	台班	86.76	0.451		
	石料切割机	台班	35.92	0.451		

花岗岩楼地面计价定额（单位估价表）　　表 7-16

工程内容：略　　单位：100 m²

定额编号				7-1	7-2	7-3
项目		单位	单价（元）	花岗岩楼地面		
				周长 2m 内	周长 3m 内	周长 4m 内
基价		元		48249.44		
其中	人工费	元		5310.90		
	材料费	元		42883.21		
	机械费	元		55.33		
人工	综合用工	工日	210.00	25.29		
材料	花岗岩板材	块	103.55	408.43		
	水泥砂浆	m^3	372.18	1.586		
机械	砂浆搅拌机 200L	台班	86.76	0.451		
	石料切割机	台班	35.92	0.451		

7.9.10　计价定额文字说明及表格与编制规则

1. 计价定额文字说明

文字说明部分包括总说明和各章节的说明。

在总说明中，主要对编制的依据、用途、适用范围、工程内容、有关规定、取费标准和概算造价计算方法等内容进行阐述。

在分章说明中包括分部分项工程量计算规则、说明、定额项目的工程内容等。

2. 定额表格式

定额表头注有本节定额的工作内容及定额的计量单位（或在表格内），表格内有基价，人工、材料和机械费，主要材料消耗量等。

3. 计价定额编制规则

（1）计价定额应是社会平均水平。

（2）计价定额说明包括总说明、册（章）说明、节说明。

（3）计价定额子目应按照分项工程项目或工作过程项目划分确定。

（4）全国或行业统一计价定额应包含人工、材料、机械台班消耗量。

（5）地区计价定额应包括人工、材料、机械台班消耗量及单价和定额基价。

（6）应根据人工定额、材料消耗量定额、机械台班定额编制计价定额。

（7）计价定额应按自然计量单位或物理计量单位确定定额单位。

（8）应按典型工程及其权重确定计价定额子目的人、材、机消耗量指标。

7.10 概算定额编制

7.10.1 概算定额的概念

概算定额是指生产或安装一定计量单位的经扩大的分项工程或建筑工程结构构件以及某种设备所需要的人工、材料和机械台班消耗量及货币量消耗的数量标准。

概算定额是在预算定额的基础上，根据有代表性的建筑工程通用图和标准图等资料进行综合、扩大及合并而成。因此，概算定额也被称作“扩大结构定额”。

7.10.2 概算定额的编制依据

概算定额编制的依据主要有：

（1）现行的设计标准、规范和施工验收规范；

（2）现行的预算计价（预算）定额；

（3）标准设计和有代表性的设计图纸；

（4）已发布的概算定额；

（5）有关施工图预算和工程结算资料；

（6）现行的人工、材料、机械台班单价。

7.10.3 概算定额的编制原则

1. 概算定额编制水平

概算定额水平的确定应与预算定额的水平基本一致。必须是反映正常条件下大多数企业的设计、生产、施工管理水平。

2. 概算定额编制深度

概算定额的编制深度要适应设计深度的要求、项目划分，应坚持简化、准确和适用的原则。以主体结构分项为主，合并其他相关部分，适当综合扩大。

3. 概算定额计量单位

概算定额计量单位的确定，与预算定额要尽量一致。

7.10.4　概算定额的内容

概算定额内容由文字说明和定额表两部分组成。

1. 文字说明

文字说明部分包括总说明和各章节的说明。

在总说明中，主要对编制的依据、用途、适用范围、工程内容、有关规定、取费标准和概算造价计算方法等进行阐述。

在分章说明中包括分部分项工程量计算规则、说明、定额项目的工程内容等。

2. 定额表

定额表头注有本节定额的工作内容及定额的计量单位（或在表格内）。表格内有基价，人工、材料和机械费及主要材料消耗量等。

7.10.5　概算定额的编制步骤

概算定额的编制一般分为三个阶段：

1. 准备阶段

该阶段主要工作是确定编制机构和人员组成，开展调查研究，了解现行概算定额执行情况和出现的问题，明确编制目的，制定概算定额编制方案和确定概算定额有哪些定额项目。

2. 编制初稿阶段

根据已经确定的概算定额编制方案和概算定额项目，收集和整理各种编制依据，对各种资料进行深入细致的测算和分析，确定各扩大分项工程项目的人工、材料、机械台班消耗量指标，编制出概算定额初稿。

3. 审查定稿阶段

该阶段的主要工作是测算概算定额水平，即测算新编概算定额与原概算定额以及与现行预算定额之间的水平。测算方法包括分项目一一对应测算和通过编制单位工程概算以单位工程为对象进行综合测算等。

概算定额经测算对比定稿后报国家或地区授权管理部门审批。

7.10.6　概算定额编制方法

1. 计价（预算）定额项目直接综合法

计价（预算）定额直接综合法是采用计价定额项目直接汇总来编制概算定额的方法。

例如，砖基础概算定额由计价定额的“人工挖地槽土方（2m 内）”“人工运土方（50m 内）”“人工夯填地槽土方”“M10 水泥砂浆砌砖基础”等 4 个计价定额综合而成。

综合后的“砖基础”概算定额项目计价为 2538.51 元 /10m³。见表 7-17。

计价定额直接综合法编制砖基础概算定额示例 **表 7-17**

一、砖基础

单位：10m³

定额编号				02-001	02-002	02-003	02-004
项目				砖基础		带形基础	
				不带地圈梁	带地圈梁	毛石	混凝土
基价（元）				2538.51	2760.14	2583.59	3119.92
其中	人工费（元）			662.25	746.22	786.82	851.90
	材料费（元）			1804.75	1916.23	1696.63	2064.60
	机械费（元）			71.51	97.69	100.15	203.42
定额代码	综合项目	单位	单价	数量			
01001	人工挖土方深度 2.0m 内 普通土	100m³	459.01	0.162	0.162	0.160	0.160
01002	人工挖土方深度 2.0m 内 坚土	100m³	959.39	0.128	0.128	0.201	0.201
01005	人力或胶轮车运土 运距 30m 内	100m³	377.06	0.109	0.109	0.114	0.114
01006	人力或胶轮车运土 运距每增 20m	100m³	89.83	0.109	0.109	0.114	0.114
01011	回填土 人工夯填	100m³	772.70	0.181	0.181	0.247	0 247
04001	砖基础 [水泥砂浆，M10]	10m³	1752.05	1.000	0.934	—	—
04028	毛石条形基础 [混合砂浆，M5]	10m³	1565.92	—	—	1.000	—
05001	带形基础 毛石混凝土 [现浇 C20 砾 40]	10m³	2199.16	—	—	—	0.250
05002	带形基础 无筋混凝土 [现浇 C20 砾 40]	10m³	2328 33	—	—	—	0.250

2. 计价定额项目人材机消耗量及费用综合法

计价定额人材机消耗量及费用综合法是将概算定额综合计价定额项目的人材机消耗量和费用分别综合为概算定额的编制方法。

例如，将砖基础概算定额包括计价定额的“人工挖地槽土方（2m 内）”“人工运土方（50m 内）”“人工夯填地槽土方”“M10 水泥砂浆砌砖基础”等 4 个计价定额人材机消耗量及费用分别汇总后填入“砖基础”概算的方法。综合计算后的“砖基础”概算定额项目含标准砖、M10 水泥砂浆、水和砂浆搅拌机的消耗量以及各项单价及基价等费用。该方法编制的概算定额在表格内容形式与预算定额相同，只不过是内容上扩大了的计价定额（表 7-18）。

计价定额工料机及费用综合法编制砖基础概算定额示例　　表 7-18

工作内容：人工挖土、人工运土 、人工回填土、水泥砂浆砌砖基。　　单位：10 m^3

定额编号				02-001	02-002	02-003
项目				砖基础		带形基础
				不带地圈梁	带地圈梁	混凝土
基价		元		2538.51		
其中	人工费	元		662.25		
	材料费	元		1804.75		
	机械费	元		71.51		
人工	砖　工	工日	30.00	10.054		
	普　工	工日	20.00	18.031		
	小　计	工日	23.58	28.085		
材料	标准砖	块	0.25	5208		
	M10 水泥砂浆	m^3	207.40	2.414		
	水	m^3	2.00	1.04		
机械	200L 灰浆搅拌机	台班	88.40	0.809		

说明：为了使两种概算定额编制方法有可比性，所以砖基础概算定额采用了 20 世纪 70 年代的人工、材料、机械台班单价。

7.10.7　概算定额编制规则

概算定额编制规则如下：

（1）概算定额应是社会平均水平。

（2）概算定额说明包括总说明、册（章）说明、节说明。

（3）概算定额项目应按照建筑物或构筑物的部位综合确定。

（4）全国或行业统一概算定额应包含人材机消耗量。

（5）地区概算定额应包括人材机消耗量、人材机单价和定额基价。

（6）概算定额项目应根据计价定额项目的人材机消耗量及单价综合确定。

（7）概算定额应按自然计量单位或物理计量单位确定定额单位。

7.11　概算指标编制

7.11.1　概算指标的概念

概算指标是指以整个建筑物、构筑物、设备为对象或者以扩大分项工程为对象，反映完成规定计量单位的建筑安装工程资源消耗的经济指标。

一般以建筑面积或台、套、座、万元等为计量单位，表示各种资源（人工、材料、机械台班及资金等）消耗的数量标准。概算指标数据是以计价定额、概算定额计算出工程造价或已竣工工程的预（结）算资料为依据确定的。

7.11.2 概算指标的内容

概算指标一般由编制说明和指标项目组成。

1. 编制说明

主要说明概算指标的作用、编制依据、适用范围和使用方法等。

2. 指标内容

每一项概算指标项目，一般由下述四方面内容组成：

1）工程概况，一般以表格和示意图（主要平、剖面图）的形式说明工程的类别、规模、建筑与结构特征、水暖电等设施配置等概况。

2）经济指标，说明该项目每一计量单位（建筑面积或设备台套）的造价指标及其中土建、水暖、电照、弱电等单位工程的造价。

3）构造内容及工程量指标，说明该项目的构造内容和每一计量单位的工程量指标。

4）主要材料消耗指标，说明该项目每一计量单位（建筑面积或建筑体积或万元造价）的土建、水暖、电照、弱电等单位工程的各种主要材料的消耗指标。

7.11.3 概算指标编制的原则

1. 按平均水平确定概算指标的原则

在我国社会主义市场经济条件下概算指标作为确定工程造价的依据，同样必须遵照价值规律的客观要求，在其编制时必须按社会必要劳动时间，贯彻平均水平的编制原则。只有这样才能使概算指标合理确定及控制工程造价的作用得到充分发挥。

2. 概算指标的内容与表现形式要贯彻简明适用的原则

概算指标的简明性要求其内容简单明了不能太复杂，适用性则要求指标内容满足更多地用于各种拟建项目的使用。这两者是一对矛盾，是对立统一的事务，须处理好。

3. 概算指标的编制依据必须具有代表性的原则

要求应采用以典型工程结算项目为依据，编制具有代表性的概算指标。

7.11.4 概算指标编制方法

1. 概算指标的编制依据

（1）标准设计图纸和各类工程典型设计；

（2）国家颁发的建筑标准、设计规范、施工规范等；

（3）各类工程造价资料；

（4）现行的概算定额和计价定额及补充定额；

（5）人工单价、材料单价、机械台班单价及其他价格资料。

2. 概算指标编制步骤

（1）成立编制小组，拟定工作方案；

（2）明确编制原则和方法，确定指标的内容及表现形式；

（3）确定基价所依据的人工工资单价、材料预算价格、机械台班单价；

（4）收集整理编制指标所必需的标准设计、典型设计以及有代表性的工程设计图纸，设计预算等资料；

（5）充分利用有使用价值的已经积累的工程造价资料；

（6）按指标内容及表现形式的要求进行具体的计算分析，工程量尽可能利用经过审定的工程竣工结算的工程量，以及可以利用的可靠的工程量数据；

（7）按基价所依据的价格要求计算综合指标，并计算必要的主要材料消耗量指标，用于调整价差的万元人材机消耗指标；

（8）经核对审核、平衡分析、水平测算、审查定稿、报批。

3. 概算指标编制方法

（1）通过编制出的概预算数据编制概算指标

1）根据选择好的工程设计图纸，根据计价定额或概算定额计算出每一结构构件或分部工程的工程数量。

计算工程量的目的有两个：①以 $100m^2$ 为单位，换算出某种类型建筑物所含的各结构构件和分部工程量指标。工程量指标是概算指标中的重要内容，它详尽地说明了建筑物的结构特征，同时也规定了概算指标的适用范围。②为了计算出人工、材料和机械的消耗量指标，计算出工程的单位造价。所以计算标准设计和典型工程设计的工程量，是编制概算指标的重要环节。

2）在计算工程量指标的基础上，确定人工、材料和机械的消耗量。确定的方法是按照所选择的设计图纸、现行的概预算定额、各类价格资料、编制单位工程概算或预算，并将各种人工、机械和材料的消耗量汇总，计算出人工、材料和机械的总用量。

3）再计算出每平方米建筑面积或台、套等设备的单位造价，计算出该计量单位所需要的主要人工、材料和机械实物消耗量指标。

（2）根据工程结算数据资料编制概算指标

1）按要求填写工程概况和结构特征。

2）分别分析单位工程的分部分项工程费、措施项目费、其他项目费、规费和税金数据。

3）分析该工程每平方米工程量指标和主要材料消耗量指标。

4）按规定格式汇总为 ×× 工程概算指标。

对于经过上述编制方法确定和计算出的概算指标，要经过比较、平衡、调整和水平测算对比以及试算修订，才能最后定稿报批。

7.11.5 概算指标编制示例

概算指标是以一个单项工程为对象的工程结算资料为依据编制的，或者是以标准施工图根据计价定额（概算定额）计算出工程造价后，按建筑面积为单位分析出来的各种指标。设备工程概算指标的编制也是采用相同的方法编制。

以某砖混结构商品房住宅竣工结算数据为依据，将各项信息和数据分析后，填入表 7-19 ~ 表 7-21 三个表格之中，就编制出了该类工程的概算指标。

某地区砖混结构商品房概算指标 **表 7-19**

<table>
<tr><td colspan="2">工程名称</td><td colspan="2">商品房住宅</td><td colspan="2">结构类型</td><td colspan="2">砖混结构</td><td colspan="2">建筑层数</td><td colspan="2">6 层</td></tr>
<tr><td colspan="2">建筑面积</td><td colspan="2">2960m²</td><td colspan="2">施工地点</td><td colspan="2">× × 市</td><td colspan="2">竣工日期</td><td colspan="2">2023 年 2 月</td></tr>
<tr><td rowspan="4">结构及构造特征</td><td colspan="3">基础</td><td colspan="3">墙体</td><td colspan="3">楼面</td><td colspan="2">地面</td></tr>
<tr><td colspan="3">混凝土带形基础</td><td colspan="3">240mm 厚标准砖墙</td><td colspan="3">现浇平板、水泥砂浆面、水磨石面</td><td colspan="2">混凝土地面、水泥砂浆面、地砖面</td></tr>
<tr><td colspan="2">屋面</td><td colspan="2">门窗</td><td colspan="3">装饰</td><td colspan="2">电照、弱电</td><td colspan="2">给水排水</td></tr>
<tr><td colspan="2">水泥炉渣找坡、APP 改性沥青卷材防水层</td><td colspan="2">外塑钢门窗、内实木门窗</td><td colspan="3">混合砂浆抹内墙面、乳胶漆面、瓷砖墙裙、外墙面砖</td><td colspan="2">导线塑料管暗敷、吸顶灯；电话、电视、网线、门禁系统</td><td colspan="2">塑料给水排水管，座式大便器</td></tr>
<tr><td colspan="12">工程造价及各项费用组成</td></tr>
<tr><td colspan="2" rowspan="3">项目</td><td rowspan="3">平方指标（元 / m²）</td><td colspan="9">其中各项费用占工程造价百分比（%）</td></tr>
<tr><td colspan="5">分部分项工程费</td><td rowspan="2">措施项目费</td><td rowspan="2">其他项目费</td><td rowspan="2">规费</td><td rowspan="2">税金</td></tr>
<tr><td>人工费</td><td>材料费</td><td>机械费</td><td>管理费、利润</td><td>小计</td></tr>
<tr><td colspan="2">工程总造价</td><td>522.61</td><td>9.00</td><td>54.75</td><td>2.15</td><td>5.25</td><td>77.10</td><td>7.84</td><td>5.78</td><td>6.20</td><td>9.03</td></tr>
<tr><td rowspan="3">其中</td><td>土建工程</td><td>441.10</td><td>9.49</td><td>53.72</td><td>2.44</td><td>5.31</td><td>76.92</td><td>7.89</td><td>5.77</td><td>6.34</td><td>9.04</td></tr>
<tr><td>给水排水工程</td><td>46.04</td><td>5.85</td><td>62.56</td><td>0.65</td><td>4.55</td><td>79.57</td><td>6.96</td><td>5.39</td><td>5.01</td><td>9.03</td></tr>
<tr><td>电照、弱电工程</td><td>35.47</td><td>7.03</td><td>57.20</td><td>0.48</td><td>5.48</td><td>76.16</td><td>8.34</td><td>6.44</td><td>6.00</td><td>9.03</td></tr>
</table>

每平方米建筑面积工程量指标 **表 7-20**

项目	单位	每平方米耗用量	项目	单位	每平方米耗用量
一、土建工程			五、水电安装工程		
1. 基础工程	m^3		1. 照明工程		
挖土方	m^3	1.642	塑料管敷设	m	0.650
砖基础	m^3	0.032	管内穿线	m	1.660
混凝土基础	t	0.144	灯具	套	0.124
2. 墙体工程			开关、插座	套	0.100
砖内墙	m^3	0.151	……		
砖外墙	m^3	0.203	2. 给水排水工程	m	

续表

项目	单位	每平方米耗用量	项目	单位	每平方米耗用量
零星砌砖	m^3	0.016	塑料给水管	m	0.136
3. 梁板柱工程			塑料排水管	m	0.072
现浇钢筋混凝土柱	m^3	0.050	洗脸盆、坐便器	组	0.010
现浇钢筋混凝土梁	m^3	0.068	……		
……					

每平方米建筑面积人材机消耗指标 表 7-21

项目	单位	每平方米耗用量	项目	单位	每平方米耗用量
一、定额用工	工日	7.050	石子	m^3	0.234
土建工程	工日	5.959	炉渣	m^3	0.016
水电安装工程	工日	1.091	玻璃	m^2	0.096
二、材料消耗			APP 卷材	m^2	0.443
钢筋	t	0.041	乳胶漆	kg	0.682
型钢	kg	0.72	地砖	m^2	0.12
铁件	kg	0.002	塑料管（电照）	m	0.650
水泥	t	0.168	给水塑料管	m	0.136
锯材	m^3	0.021	排水塑料管	m	0.072
标准砖	千块	0.175	雨水塑料管	m	0.021
石灰	t	0.018	导线	m	1.660
砂子	m^3	0.470	……		

拟建工程编制概算时，只有选择工程概况、结构和构造特征相近的概算指标来编制概算，一般还要进行一些修正。

1. 工程概况

使用概算指标有一个对号入座、正确选用的问题。使用功能“住宅”、结构类型“砖混”、建筑层数“6 层”、建筑面积“2960m^2”是新工程编制概算时，正确选择概算指标的判定条件。只有情况基本相同的概算指标才能作为编制概算的依据。

由于人材机单价具有地区性和时间性，所以要有“施工地点”和“竣工日期”信息。

2. 结构及构造特征

“基础”“装饰”等结构及构造特征必须内容完整和准确，因为这些信息是选用概算指标的判定依据。

3. 工程造价及各项费用组成

这些费用在使用时只能作为参考。因为时间和地点的变化，人材机费用和管理费等费用会发生变化。可以采用造价指数的方法来调整这些费用，以便快速计算出概算造价。

4. 每平方米建筑面积人材机消耗量指标

每平方米建筑面积工程量指标是概算指标的核心数据。因为这些实物量数据在较长时间内的不同地点都可以作为计算同类拟建工程的概算造价。

一个单项工程较完整的人材机消耗量指标乘以拟建工程的建筑面积，再根据当地当时的人材机单价，计算出人工费、材料费和机械费，而这些费用又是计算管理费、利润、规费和税金的基础。所以，这些指标非常重要。

7.11.6 概算指标编制规则

（1）概算指标以一个单项工程或设备为对象。

（2）概算指标应是社会平均水平。

（3）概算指标由工程概况、结构类型与特征、造价费用分析、每平方米主要工程量指标和每平方米主要材料消耗量指标构成。

（4）应根据单项工程概算、单位工程预算、单位工程结算编制概算指标。

7.12 投资估算指标编制

7.12.1 投资估算指标的概念

投资估算指标是以建设项目、单项工程、单位工程为对象，反映基建总投资及其各项费用构成的经济指标。

投资估算指标是确定和控制建设项目全过程各项投资支出的技术经济指标。其范围涉及建设前期、建设实施期和竣工验收交付使用期等各个阶段的费用支出，内容因行业不同而异，一般可分为建设项目综合指标、单项工程指标两个层次。建设项目综合指标一般以项目的综合生产能力单位投资表示；单项工程指标一般以单项工程生产能力单位投资表示。

7.12.2 投资估算指标的作用

投资估算指标是编制建设项目建议书、可行性研究报告等前期工作阶段投资估算的依据，也可以作为编制固定资产长远规划投资额的参考。

投资估算指标为完成项目建设的投资估算提供依据和手段，它在固定资产的形成过程中起着投资预测、投资控制、投资效益分析的作用，是合理确定项目投资的基础。

7.12.3 投资估算指标的编制原则

投资估算指标反映的是建设项目从立项开始直至竣工结束所需的全部投资，要求投资估算指标需具有较大的综合性、概括性及较高的准确性。因此在编制投资估算指标时，不仅要遵守传统的定额编制原则，还必须坚持下列原则：

（1）应满足项目前期阶段工作深度的要求；

（2）应具有较大的综合性、概括性；

（3）其表示的形式应做到准确、简化、易于使用；

（4）选取的项目应该是近年来具有代表性的典型项目。

项目建设从立项到竣工是一个由粗到细、由浅入深的过程，在项目前期阶段对技术方案的设想上一些定性的概念尚难以作出定量的判断，要靠编制人员的判断能力和经验来估计确定。因此投资估算指标的编制应符合这一阶段的特点，既不能过粗，也不能过细；既能综合使用，也能分解使用；既要能综合反映一个项目的全部投资及其费用构成，又要能按各个单位工程的数量计算组合投资。投资估算指标在项目划分和表现形式方面，应做到准确和方便使用。

7.12.4 投资估算指标的编制依据

投资估算指标的编制工作是一项技术性、政策性、经济性很强的工作，必须有可靠的科学依据和政策依据，这些依据主要为：

（1）现行的设计标准、有代表性的标准设计图纸或典型工程设计图纸等；

（2）国家颁布的建筑标准、设计规范、施工技术验收规范和有关技术规定；

（3）现行计价定额、概算定额、补充定额和有关费用定额；

（4）地区人工单价、材料单价和机械台班单价；

（5）国家或地区颁布的工程造价指标；

（6）工程结算资料。

7.12.5 投资估算指标的编制步骤

投资估算指标的编制涉及建设项目的产品规模、产品方案、工艺流程、设备选型、工程设计和技术经济等各个方面，既要考虑到现阶段技术状况，又要展望近期技术发展趋势和设计动向，从而可以指导以后建设项目的实践。

1. 准备工作

投资估算指标的编制应当成立专业齐全的编制小组，编制人员应具备较高的专业素质，并应制订一个包括编制原则、编制内容、指标的层次相互衔接，项目划分、表现形式、计量单位、计算、复核、审查程序等内容的编制方案或编制细则，以便编制工作有章可循。

2. 收集整理资料阶段

基础资料的调查、搜集。在投资估算指标编制工作中最重要的是基础资料的调查和收集，资料收集的越多越广，就越有利于提高投资估算指标的全面性、实用性和覆盖面。因此，在对基础资料进行搜集的过程中，应按下列要求进行：

1）工程资料的选择应是和投资估算指标编制内容有关的工程，包括已完工程的概算、预算和结算等资料或在建工程的概预算、相关设计图纸和施工资料等。

2）工程项目的选择应具有一定的典型性和代表性，能充分体现本地区工程建设的实际情况和特点。

3）调查资料应以两个以上完整的建设项目为调查对象。

由于调查收集的资料来源不同，虽然经过一定的分析整理，但难免会由于设计方案、建设条件和建设时间上的差异带来某些影响，使数据失准或漏项等，必须对有关资料进行综合平衡调整。

3. 测算审查阶段

测算是将新编的指标和选定工程的概预算，在同一价格条件下进行比较，检验其“量差”的偏离程度是否在允许偏差的范围之内，如偏差过大，则要查找原因，进行修正，以保证指标的确切、实用。测算同时也是对指标编制质量进行一次系统检查，应由专人进行，以保持测算口径的统一，在此基础上组织有关专业人员予以全面审查定稿。

7.12.6 投资估算指标编制方法

投资估算指标的核心内容还是要把“量”算准，“价”是使用时期随行就市确定的。

人工、主要材料消耗量及机械使用台班是指标的核心，如何合理确定指标消耗量是编制方法研究的关键。指标采用统计分析法及实物量分析法来确定工、料消耗量及机械使用费。对于给水排水构筑物的综合指标则采用费用模型、回归分析法进行编制。

1. 统计分析法

综合指标或分项指标的编制均应通过统计分析已建工程的投资估算、概算、预算、竣工结算等资料，列出各工程项目的主要工程量及人工、主要材料消耗量及机械使用费。

2. 实物量分析法

对于采用典型设计以及采用通用图的工程，可采用实物量分析法确定指标的消耗量。

7.12.7 投资估算指标示例

1. 单项工程投资估算指标

单项工程投资估算指标见表 7-22。

轻型汽车制造厂金属结构车间单项工程投资估算指标　　表 7-22

简要说明及主要技术特征：包括三个工部：冷作焊接工部、钢板预处理工部、大件加工工部。冷作焊接工部主要承担汽车起重机吊臂、转台等结构件的冷作焊接任务；钢板预处理工部负责对进厂钢板进行预处理；大件加工工部负责对本厂大型结构件进行焊后金切加工。工艺水平具有国内 20 世纪 80 年代平均先进水平。本指标（指冷作焊接工部）可适用于年产量 2400 ~ 3200t 同类型的金属结构车间选用。

主要技术特征表

序号	项目	内容
1	产品特征	最大最重件：基本臂。尺寸：7880mm × 534mm × 698mm；重量：0.774t
2	生产纲领	汽车起重机 1000 台，型号有 QY12、QY8
3	生产性质（包括批量、班次等）	属成批生产。钢板预处理工部一班制，其他为二班制

续表

序号	项目	内容
4	工艺特征	板材下料：分别采用数控气割机、剪板机、机械压力机 零件成型折弯：分别在四柱油压机、板材折弯压力机和摩擦压力机上进行 校平：原材板料及大型零件板料在十三辊校平机上进行，吊臂的焊后校直及型钢校直在油压机上进行 焊接：广泛使用 CO_2 气体保护焊，采用胎夹具、焊接翻转机
		钢板预处理：采用钢板预处理生产线 大件加工：对吊臂等大件焊后镗孔采用镗孔专机
5	生产协作	车架、上车操纵室、支腿总成、液压油箱等结构件由外厂协作
6	其他（特别需要说明的问题）	—

投资估算表

工程名称：金属结构车间（1）　　　　单位：万元

序号	代表产品名称及年产量	汽车起重机 QY12 1000 台						
	工程和费用名称	建筑工程	设备购置	设备安装工程	工器具及生产家具	其他费用	合计	备注
①	②	③	④	⑤	⑥	⑦	⑧	⑨
	一、工艺投资		440.46	6.35	21.18		467.99	
1	设备		359.3	5.13			364.43	
2	机械化运输		0				0	
3	车间内运输		81.16	1.22			82.38	
4	工器具及生产家具费				21.18		21.18	
5	备品备件		0				0	
	二、建筑工程投资	272.36	15.94	1.29			289.59	含公用设备费
1	一般土建	241.31					241.31	
2	特殊构筑物	10.93					10.93	
3	给水排水	2.73					2.73	
4	采暖	0					0	
5	通风空调	1.91	8.49	0.59			10.99	
6	动力管道	2.31					2.31	
7	电力电信	7.85	7.19	0.65			15.69	
8	照明	5.32	0.26	0.05			5.63	

续表

序号	代表产品名称及年产量	汽车起重机 QY12 1000 台						
	工程和费用名称	建筑工程	设备购置	设备安装工程	工器具及生产家具	其他费用	合计	备注
①	②	③	④	⑤	⑥	⑦	⑧	⑨
	三、其他费用					100.52	100.52	
	其他费用					100.52	100.52	
	合计	272.36	456.4	7.64	21.18	100.52	858.10	
	其中：环保投资						10.99	
	节能措施投资							
	工业卫生投资							

关键工艺设备表

工程名称：金属结构车间（1）

序号	设备名称	型号及主要规格	数量	每台重量 t	价格（元）		备注
					每台	合计	
1	数控气割机	GONC-5000	1	2	300000	300000	
2	剪板机	Q12Y-20 × 2500	1	18	110500	110500	
3	剪板机	Q11Y-16 × 2500	1	13.5	85000	85000	
4	十三辊校平机	2.5 ~ 10 × 2000	1	47	544000	544000	
5	四柱万能液压机	Y32-500	1	30	127500	127500	
6	摩擦压力机	J53-300	1	12.8	76000	76000	
7	双柱立车	C5225 ϕ2500 × 1600	1	31.7	320000	320000	
8	卧式抛丸室	6000 × 3500 × 1500	1		350000	350000	
9	自动喷漆室	2000 × 3500 × 1800	1		27000	27000	
10	二头镗专机	非标	2	3	71000	142000	
11	三头镗专机	非标	1	4.5	105000	105000	

建筑工程投资估算指标

工程名称：金属结构车间（1）

车间建筑特征		造价指标	车间（元 /m^2）	%	生活间（元 /m^2）	%
结构类型	排架	一般土建	446.61	83.33		
跨度	24m+18m	特构	20.23	3.77		
长度	150m	给水排水	5.05	0.94		

续表

车间建筑特征		造价指标	车间（元/m²）	%	生活间（元/m²）	%
柱网	6m	采暖	0	—		
总高	13.62m	通风空调	20.34	3.80		
下弦标高	11.4m	动力管道	4.28	0.8		
轨顶标高	9m	电力电讯	29.04	5.42		
吊车吨位	2台10t，2台5t	照明	10.42	1.94		
基础埋深	-2m					
建筑面积	5403.1m²	合计	535.97	100.00		
生活间建筑特征		自然条件				
结构类型						
跨度		地耐力		166.6kPa		
长度		地震烈度		7度		
开间		风荷载		0.29kN/m²		
总高		雪荷载		0.44kN/m²		
层数及层高						
基础埋深						
建筑面积		项目所在地		××市		

土建工程百平方米主要工程量表

工程名称：金属结构车间（1）

定额编号	工程或费用名称	单位	数量	单价（元）	总价（元）
	基础工程				
1-48	混凝土垫层	m³	1.26	113.88	143
1-62	150号钢筋混凝土杯形基础	m³	12.11	295.18	3575
1-87	钢筋混凝土预制基础梁	m³	0.66	340.63	225
	其他	元			108
	小计				4051
	墙体工程				
2-1	砖外墙（240）	m³	56.01	28.16	1577

续表

定额编号	工程或费用名称	单位	数量	单价（元）	总价（元）
2-5	砖内墙（240）	m^3	8.25	25.18	208
	其他	元			0
	小计				1785
	钢筋混凝土工程				
3-80	预制柱	m^3	5.41	377.35	2042
3-87	预制吊车梁	m^3	1.77	601.22	1064
3-121	大型屋面板	m^2	113.98	25.66	2925
	其他	元			547
	小计				6577
	钢结构工程				
5-2	铜屋架及支撑	t	2.77	2516.5	7248
5-4	天窗架及墙壁支架	t	0.35	2691.06	942
补 2	吊车轨道	m	9.38	111.9	1050
参阅全国安装定额	平车轨道	m	1.59	87.79	140
5-8	钢梯	t	0.11	2655.04	292
	其他	元			51
	小计				9723
	脚手架工程				
7-1 7-2	综合脚手架（14m）	m^2	100	7.01	701
	其他	元			0
	小计				701
	屋面工程				
8-5	二毡三油绿豆砂	m^2	109.03	12.8	1396
8-19 8-20	水泥硅石保温(厚 5cm）	m^2	98.53	8.32	820
	其他	元			126
	小计				2342
	门窗工程				
9-74	钢大门	m^2	1.53	165.66	253
9-78	组合钢窗	m^2	24.24	89.25	2163

续表

定额编号	工程或费用名称	单位	数量	单价（元）	总价（元）
9-47	钢天窗	m^2	15.17	120.15	1823
	其他	元			41
	小计				4280
	楼地面工程				
10-1	房心回填土	m^2	107.12	0.82	88
10-4 10-6	混凝土地面 （厚 16cm）	m^2	85.53	14.89	1274
	其他	元			222
	小计				1584
	装饰工程				
12-7	白水泥砂浆粉外墙	m^2	14.95	7.73	116
12-6	水泥砂浆粉外墙	m^2	44.09	6.95	306
12-43	内墙面勾缝喷浆	m^2	54	1.14	62
	其他	元			48
	小计				532
	零星工程				111
	特殊构筑物				
	设备基础及其他	元			1604
	其他直接费				4397
	土建直接费				27965
	综合费用				7299
	土建造价				35264
	钢结构直接费				9723
	综合费用				1697
	钢结构造价				11420
	总造价				46684

土建工程百平方米主要材料及工日表

工程名称：金属结构车间（1）

序号	名称	单位	数量	单价（元）	总价（元）
1	水泥	t	18. 07	160	2891
2	钢材	t	9.18		

续表

序号	名称	单位	数量	单价（元）	总价（元）
	其中：钢筋	t	（3.01）	1272	3829
	型钢	t	（4.41）	1087	4794
	钢轨	t	（0.38）	1018	387
	钢模	t	（0.16）	2378	380
	钢门窗	t	（1.22）	2275	2715
3	木材	m^2	4.8	652	3130
	其中：木模	m^2	（1.25）	652	815
	木材	m^2	（3.55）	652	2315
4	机砖	千块	7.38	140	1033
5	砂	m^2	26.91	31.9	858
6	碎石	m^2	28.64	24.75	709
7	石灰	t	2.17	42	91
8	玻璃（3mm）	m^2	44.4	7.41	329
9	石油沥青	t	1.2	479	575
10	油毡	m^2	294	1.03	303
11	总工日	工日	431.8	6.07	2621

2. 消耗量指标是关键指标

投资估算中的消耗量指标是关键指标。拟建项目可以根据本地区的人工、材料、机械台班单价和费用定额标准，乘以消耗量指标后得出较为准确的项目估算书。

7.12.8 投资估算指标编制规则

（1）投资估算指标以一个建设项目或单项工程为对象。

（2）投资估算指标应是社会平均水平。

（3）投资估算指标由工程概况、结构类型与特征、造价费用分析、每万元人材机消耗量指标、每平方米主要工程量指标和每平方米主要材料消耗量指标构成。

（4）典型工程调查资料应以两个以上完整的建设项目为调查对象。

（5）应依据工程概算、工程预算、工程结算编制概算指标。

8　建筑产品价格形成与工程造价费用

导学

- 建筑产品价格的理论基础是 $W=C+V+m$。
- 我国建筑安装工程造价费用划分历史沿革真实反映了经济体制的变革进程。
- 建筑产品价格的终极表达式：工程造价 = 直接费 + 间接费 + 利润 + 税金。

8.1　建筑产品价格形成

8.1.1　建筑产品劳动价值论基础

马克思主义劳动价值论的商品价值公式：$W= C+V+m$。式中：W 为商品价值、C 为不变资本、V 为可变资本、m 为剩余价值。

社会主义市场经济条件下，C 为生产资料的转移价值、V 为劳动者的报酬和附加、m 为利润和税金。

对于建筑产品，C 为材料费、机械费的第一类费用、管理费中的固定资产折旧等建筑安装材料、固定资产折旧等生产资料的转移价值；V 为劳动报酬、奖金、社会保险等劳动者为自己劳动创造的价值；m 是劳动者为企业创造的利润和为社会劳动创造的税金等价值。

建筑产品理论价格构成示意见图 8-1。

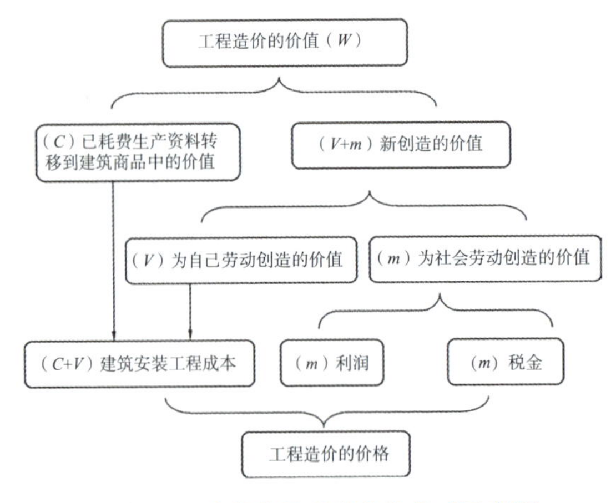

图 8-1　建筑产品理论价格构成示意图

8.1.2　建筑产品价格学基础

价格学的商品价格构成包括：生产成本、流通费用、利润和税金。可表达为：

商品价格＝生产成本＋流通费用＋利润＋税金

从上述四个构成因素我们可以看出，价格构成实际上是商品经济发展不同阶段商品生产者和经营者在出售商品时的各种不同经济性质的补偿要求和利益要求的具体反映。

建筑产品的生产成本包括直接费和间接费；狭义的建筑产品是指建筑安装施工完成的产品，没有流通费用；利润包括施工企业按国家规定计取的利润和施工利润两部分内容构成；税金是施工企业按税法规定计取的建筑业增值税等。

8.1.3　建筑产品成本理论基础

生产成本是制订价格的主要经济依据，是商品价值主要部分的货币表现，是价格构成的主体。在一般情况下，商品生产成本的高低直接反映价格的高低。

建筑工程
成本概述

一般说来，生产成本呈上升趋势的产品，其价格也存在上升的可能；生产成本呈下降趋势的产品，其价格也存在下降的可能。生产成本相对稳定的产品，其价格也相对稳定。所以，任何商品价格的形成，都必须以成本为主要依据。建筑产品的成本由直接费、间接费构成。

在市场经济条件下，商品价格如果低于生产成本，那么垫付的那一部分资金得不到补偿，就是亏本生产，企业的再生产活动就无法维持下去；价格如果等于生产成本，企业的简单再生产能够维持。

但一般来说，仅能维持简单再生产仍是不够的，因为企业没有一定的盈利，就不能进行扩大再生产，企业就没有生产积极性。因此，正常的价格应至少弥补生产成本，并尽量争取扩大盈利，以实现扩大再生产。

成本是商品经济的价值范畴，是商品价值的组成部分。人们要进行生产经营活动或达到一定的目的，就必须耗费一定的资源，其所费资源的货币表现及其对象化称之为成本。

成本由原料、材料、燃料等费用，折旧费用，工资等构成，其中原料、材料、燃料等费用表现商品生产中已耗费的劳动对象的价值，折旧费用表现商品生产中已耗费的劳动资料（手段）的价值；工资表现生产者的必要劳动所创造的价值。

单位产品完全成本＝单位产品固定成本＋单位产品变动成本。在完全成本的基础上，加上一定比例的预期利润，就能算出产品售价。

当工人和管理人员是企业固定职工时，建筑产品固定成本包括人工费、管理费、固定资产折旧费等固定成本，材料费和机械租赁费等是变动成本；当建筑安装工程是劳务发承包和施工机械租赁时，包括管理费、固定资产折旧费，劳务费、材料费和机械费等是变动成本。完全成本的建筑产品成本对应关系如图 8-2 所示。

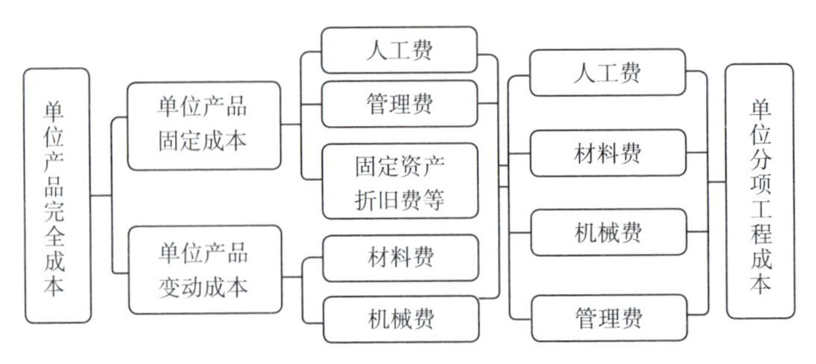

图 8-2　建筑产品完全成本法示意图

8.1.4　建筑产品价格受价值规律影响

在商品经济条件下，影响和制约商品经济运行的规律有价值规律、供求规律、竞争规律、货币流通规律等，这些规律相互联系、相互影响，推动着商品经济的运行和发展。但在这许多的经济规律中，起着主要作用的是价值规律，价值规律是商品经济的基本规律，其他规律都是在它的基础上发挥作用。

价值规律的基本内容是：商品的价值量由生产商品的社会必要劳动时间决定，商品交换必须按照价值量相等的原则来进行。这表明价值规律既是价值如何决定的规律，也是价值如何实现的规律。

我们知道，单位产品的价值量不取决于生产该产品的个别劳动时间，而是取决于社会必要劳动时间。即在现有的生产条件下，在社会平均的劳动熟练程度和劳动强度下，制造某种使用价值所需要的劳动时间。建筑业生产同种建筑产品的社会必要劳动时间，形成该种产品的社会价值，是建筑业内部的竞争和比较的结果。

例如，假定社会上生产某商品（预制混凝土过梁）的施工企业，有优等条件、中等条件和劣等条件三种情况，他们生产同一种单位商品的个别劳动时间分别是 2h、3h 和 4h，如果其中的中等生产条件企业代表社会正常的生产条件，具有社会平均的劳动熟练程度和劳动强度，因而它生产的单位商品所耗费的 3h 劳动，就是生产同种单位商品的社会必要劳动时间，它决定该种商品的社会价值量。

以此为标准，劣等条件企业生产同种商品的个别劳动时间为 4h，超过社会必要劳动时间 1h，超过的部分就不能为社会所承认，从而不能形成社会价值；优等条件企业生产同种商品的个别劳动时间仅 2h，低于社会必要劳动时间 1h，但社会承认这 2h 形成 3h 的社会价值，即同样的劳动时间形成更大的社会价值。

8.1.5　建筑产品受竞争规律影响

受建筑产品竞争规律影响，承包建筑产品施工生产需要通过招投标方式才能获取施工项目，建设项目招投标是典型的社会主义市场经济竞争规律的产物。

在建筑市场发布建筑安装工程招标公告，规定承包工程的企业法人、项目经理的资质条件、工程质量和施工工期等要求。然后，通过公开的评标规则，抽取评标专家进行不公开评标，专家按照规定的评分标准，计算各投标人投标报价的综合分值，再根据分值从大到小排出前三名投标人交招标人，然后招标人发布中标公告，选择承包商。

8.1.6　建筑产品受供求规律影响

在社会主义市场经济条件下，由房地产开发商开发的建筑产品，受供求规律影响。当开发的商品房供不应求时，房价呈上升趋势；当商品房供过于求时，房价呈下降趋势。

由于不是完全的市场经济条件，政府的购房政策、土地出让价格的变化，也会直接影响商品房价格的变化。

8.2　建筑安装工程造价费用构成

8.2.1　理论造价费用构成

按照劳动价值论、价格学理论、成本理论等经济学理论，建筑安装工程造价由直接费、间接费、利润和税金构成。

直接费和间接费之和为工程成本。

直接费是可以直接计入某具体建筑产品的费用，主要包括人工费、材料费和机械费等。

间接费是不能直接计入某个建筑产品的费用，而是需要通过分摊的方法间接计入相关建筑产品的费用，主要包括企业管理人员工资、办公费等费用。

8.2.2　建筑安装费用构成历史沿革

1.1956 年建筑安装工程费用划分

我国 1956 年的建筑安装工程造价的费用划分为三类：①直接费用，包括材料费、工日工资及建筑机械使用费；②间接费用（行政管理费），包括管理人员工资、办公费等；③利润。

公私合营的企业按国家规定计算税金，国营企业不计算税金。

2.1978 年建筑安装工程费用划分

1978 年国家计划委员会、中国人民建设银行发布的《关于改进工程建设概预算定额管理工作的若干规定》（〔78〕建发施字第 98 号）规定，建筑安装工程费用划分为直接费、间接费、法定利润。

3.1985 年建筑安装工程费用项目划分

1985 年国家计委、中国人民建设银行《关于改进工程建设概预算定额管理工作的若干规定》（计标〔1985〕352 号）规定，建筑安装工程费用由直接费、间接费和法定利润构成。

4.1989 年建筑安装工程费用项目划分

1989 年建设部、中国人民建设银行发布《关于印发〈关于改进建筑安装工程费用划分的若干规定〉的通知》（〔89〕建标字第 248 号）规定，建筑安装工程费用由直接费、间接费、计划利润和税金构成。

5. 1993 年建筑安装工程费用项目划分

1993 年建设部、中国人民建设银行发布《关于印发 <关于调整建筑安装工程费用项目组成的若干规定> 的通知》（建标〔1993〕894 号）规定，建筑安装工程费用由直接费、间接费、计划利润和税金构成。

6.2003 年建筑安装工程费用项目划分

2003 年建设部、财政部关于印发《建筑安装工程费用项目组成》的通知（建标〔2003〕206 号）规定，建筑安装工程费用由直接费、间接费、利润和税金构成。

7.2013 年建筑安装工程费用项目按费用构成要素划分

2013 年住房和城乡建设部、财政部关于印发《建筑安装工程费用项目组成》的通知（建标〔2013〕44 号）规定，建筑安装工程费用项目按费用由直接费、管理费、利润、规费和税金构成。

8. 2013 年建筑安装工程费用项目按造价形成划分

2013 年住房和城乡建设部、财政部关于印发《建筑安装工程费用项目组成》的通知（建标〔2013〕44 号）规定，建筑安装工程费用项目按造价形成划分，由分部分项工程费、措施项目费、其他项目费、规费和税金构成。

8.2.3 不同计价模式工程造价费用构成

1. 定额计价模式的工程造价传统费用构成

在定额计价模式下，工程造价费用可以由两种构成方式：

（1）传统建筑安装工程费用由直接费、间接费、利润和税金构成。

（2）建筑安装工程费用也可以由分部分项工程费、措施项目费、其他项目费、规费和税金构成。

2. 清单计价模式下工程造价费用构成

在清单计价模式下，建筑安装工程费用由分部分项工程费、措施项目费、其他项目费、规费和税金构成。

3. 不同计价模式工程造价费用项目的内在关系

不管理论工程造价费用项目构成、还是 2013 年前工程造价费用项目构成以及 2013 年后的工程造价费用项目构成，它们都有共同的内在关系，见图 8-3 示意和表 8-1 的表述。

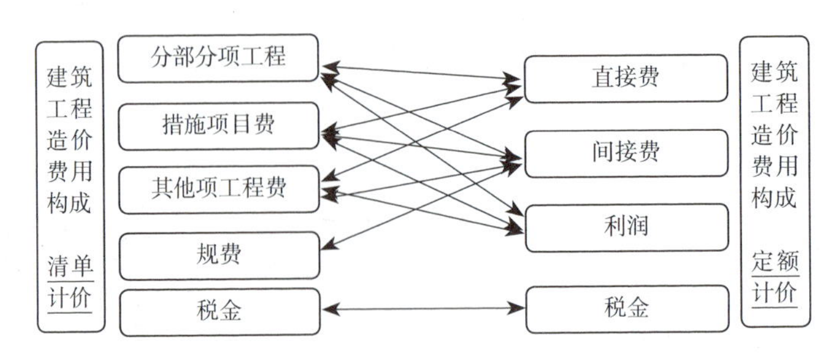

图 8-3　不同计价模式工程造价费用项目的内在关系示意图

不同计价模式工程造价费用项目的内在关系表　　表 8-1

清单计价费用项目	费用关系	定额计价费用项目
分部分项工程费	人工费	直接费
	材料费	
	机械费	
	管理费	间接费
	利润	利润
措施项目费	人工费	直接费
	材料费	
	机械费	
	管理费	间接费
	利润	利润
其他项目费	暂列金额	直接费、间接费、利润
	计日工	直接费
	暂估价	材料费或直接费、间接费、利润
规费	社会保障费	间接费
	工程排污费	直接费、间接费、利润
税金	增值税	税金
	城市建设税	
	教育费附加	

8.2.4 各时期建筑安装工程费用项目划分的特点

1. 中华人民共和国成立初期费用项目划分特点

中华人民共和国成立初期，我国国营施工企业预算造价的建筑安装工程项目划分为直接费、间接费和利润，只有公私合营的施工企业的预算造价除了直接费、间接费、利润外，还要计算税金。这一做法是受了苏联建筑安装工程费用项目划分为直接费、间接费和计划积累方法的影响。

2.20 世纪 70 至 80 年代末期费用项目划分特点

1978 年到 1989 年期间，建筑安装工程费用项目划分为直接费、间接费和法定利润三个组成部分，没有计算税金。为什么呢？这是人们对国民经济积累与基本建设之间的关系认识造成的。我们知道，基本建设资金来源于社会积累，而社会积累的源泉是政府的税收，所以人们认为来源于社会积累用于基本建设的资金使用，不必再计算税金。这就是当时建筑安装工程预算造价不计算税金是受到“社会积累空转”理论的影响。

3.1989 年建筑安装工程费用项目划分特点

1989 年国家主管部门颁发的建筑安装工程费用项目划分为直接费、间接费、法定利润和税金四个组成部分。可以看出，“法定利润”的提法，受到了计划经济制度的影响。

4. 1993 年建筑安装工程费用项目划分特点

1993 年国家主管部门颁发的建筑安装工程费用项目划分为直接费、间接费、计划利润和税金四个组成部分。1992 年的中国共产党第十四次全国代表大会第一次明确提出了我国建立社会主义市场经济体制的目标模式。于是开始将原来的“法定利润”改为“计划利润”，就是受该经济模式影响的结果。

5.2003 年建筑安装工程项目划分特点

2003 年国家主管部门颁发的建筑安装工程费用划分为直接费、间接费、利润和税金四个组成部分，将“计划利润”的“计划”两字去掉，变为“利润”两字。这一做法，彰显了社会主义市场经济模式的进展在建筑产品中的体现。

6.2013 年建筑安装工程费用划分特点

2013 年国家主管部门颁发的建筑安装工程费用划分为分部分项工程费、措施项目费、其他项目费、规费和税金五个组成部分。这次费用的划分，受到了英联邦国家、美国等西方工程造价费用构成的影响，也是我国社会主义市场经济发展的新阶段体现。

从上述建筑安装工程费用划分的特点可以看出，第一个方面：费用项目划分的变化是先向苏联学习，然后根据国情有了自己的做法，接着受社会主义市场经济模式发展进程影响而变化。第二个方面：不管费用项目如何划分，其建筑产品造价构成的核心内容就是直接费、间接费、利润和税金，如果将来费用名称发生变化，同样也离不开这四部分费用的内容。

9 建筑安装工程费用计算程序设计

导学

- 建筑安装工程费用计算的三要素是确定建筑安装工程造价的客观必要条件。
- 用人工费作为取费基数的费用项目与人员管理有着密切的关系。
- 各种取费项目的费率基本源于相关历史资料的测算。

9.1 建筑安装工程费用计算三大要素

建筑安装工程费用计算的三大要素是费用项目、计算程序、计算基数和费率。

9.1.1 费用项目

这里的费用项目就是指传统的费用内容，包括直接费、间接费、利润和税金。按照“建标〔2013〕44号文”规定，当前的费用项目包括分部分项工程费、措施项目费、其他项目费、规费和税金，还包括上述项目中的细分项目。

9.1.2 计算程序

计算程序是指计算建筑安装工程各费用项目的有规律顺序，一般根据国家主管部门颁发的建筑安装工程费用项目划分文件的规定来确定。

目前执行的是“建标〔2013〕44号文”的费用划分规定。

9.1.3 计算基数和费率

建筑安装工程各项费用的计算基数和费率一般由省、市、自治区工程造价主管部门通过颁发费用定额确定。

分部分项工程费中的人工费、材料费和机械费，根据工程量乘以对应的计价定额项目计算；管理费和利润根据规定的计算基础（如人工费）和费率计算；措施项目费根据工程量乘以对应的计价定额项目或者根据规定的计算基础乘以措施费费率计算；其他项目费根据规定的基数乘以费率或者根据招标文件要求的项目和金额确定；规费根据文件规定的计算基数和费率来计算；税金根据税法规定的计算基数和税率来确定。

9.2 建筑安装工程费用计算程序设计方法

建筑安装工程费用计算基数可以设计为人工费、人工费＋机械费、直接费等。

9.2.1 以人工费作为计算基数

建筑工程预算工料分析

建筑安装工程费用中的利润和管理费等费用，可以用人工费作为基数进行计算。

建筑安装工程管理费＝定额人工费 × 管理费率；建筑安装工程利润＝定额人工费 × 利润率

或者　综合单价中管理费＝综合单价中定额人工费 × 管理费率

　　　综合单价中利润＝综合单价中定额人工费 × 利润率

9.2.2 以人工费＋机械费为计算基数

建筑安装工程费用中的利润和管理费等费用，可以用人工费＋机械费作为基数进行计算。

建筑安装工程管理费＝（定额人工费＋定额机械费）× 管理费率

建筑安装工程利润＝（定额人工费＋定额机械费）× 利润率

或者　综合单价中管理费＝（综合单价中定额人工费＋定额机械费）× 管理费率

　　　综合单价中利润＝（综合单价中定额人工费＋定额机械费）× 利润率

9.2.3 以直接费为计算基数

建筑安装工程费用中的措施项目费等费用，可以用定额直接费作为基数进行计算。

建筑安装工程总价措施费＝定额直接费 × 措施费费率

9.2.4 不同取费基数的费率确定方法

（1）以人工费为计算基础企业管理费费率确定方法

$$\text{企业管理费费率（\%）}=\frac{\text{生产工人年平均管理费}}{\text{年有效施工天数}\times\text{人工单价}}\times 100\%$$

（2）以人工费和机械费合计为计算基础企业管理费费率确定方法

$$\text{企业管理费费率（\%）}=\frac{\text{生产工人年平均管理费}}{\text{年有效施工天数}\times(\text{人工单价}+\text{每一工日机械费})}\times 100\%$$

（3）以直接费为计算基础企业管理费费率确定方法

$$\text{企业管理费费率（\%）}=\frac{\text{生产工人年平均管理费}}{\text{年有效施工天数}\times\text{人工单价}}\times\text{人工费占直接费比例}\times 100\%$$

9.2.5 建筑安装工程费用计算程序设计举例

建筑安装工程费用计算程序设计内容包括：费用项目设计、费用项目计算顺序设计、计算基数和费率设计。

费用项目通常根据国家主管部门颁发的建筑安装费用项目划分文件确定，计算基础和费率根据该地区历史数据资料统计分析得出。这些内容一般包含在省、市、自治区工程造价行政主管部门颁发的费用定额之中。

某地区根据建标〔2013〕44号文规定，设计的建筑安装工程费用计价程序见表9-1。

建筑安装工程费用计算程序设计　　表9-1

序号	费用名称		建筑工程	装饰、安装工程
			计算基数	计算基数
1	分部分项工程费（含单价措施项目费）	直接费	分部分项工程定额直接费，单价措施项目定额直接费汇总	分部分项工程定额直接费、单价措施项目定额直接费汇总
2		企业管理者	定额直接费或定额人工费 + 定额机械费	定额直接费或定额人工费 + 定额机械费
3		利润		
4	总价措施费	安全文明施工费	定额直接费或定额人工费	定额直接费或定额人工费
5		夜间施工增加费		
6		冬雨季施工增加费	同上	同上
7		二次搬运费	同上	同上
8		提前竣工费	按经审定的赶工措施方案计算	按经审定的赶工措施方案计算
9	其他项目费	暂列金额	按工程量清单	按工程量清单
10		总承包服务费	分包工程造价	分包工程造价
11		计日工	按暂定工程量 × 单价	按暂定工程量 × 单价
12	规费	社会保险费	定额人工费	定额人工费
13		住房公积金		
14		工程排污费	定额直接费	定额直接费
15	增值税税金		序1～序14之和	序1～序14之和
工程造价			序1～序15之和	序1～序15之和

注：表中序1～序14各费用均以不包含增值税可抵扣进项税额的价格计算。

以计算建筑工程造价为例，有规律的计算程序如下：

（1）根据施工图、《房屋建筑与装饰工程工程量计算规范》或者计价定额及工程量计算规则计算清单工程量或定额工程量；

（2）根据清单工程量、《房屋建筑与装饰工程工程量计算规范》、计价定额和费用定额，以定额人工费为计算基础，乘以对应的费率计算管理费和利润，然后编制综合单价；

（3）根据清单工程量和综合单价计算分部分项工程费和单价措施项目费；

（4）根据招标文件和施工组织设计方案、工程承包合同、费用定额，以分项工程费等为计算基数，乘以对应的费率计算总价措施项目费；

（5）根据招标文件和费用定额、工程承包合同，以分项工程费等为基数，计算其他项目费；

（6）根据费用定额和地方文件规定，以定额人工费等为计算基数，计算社会保障费等规费；

（7）根据汇总的税前造价乘以增值税税率，计算增值税；

（8）将上述费用汇总为建筑工程造价。

9.2.6 采用定额人工费为计算基数的原因

1. 与对象有关

管理费主要包括管理人员工资以及管理人员发生的费用，这些费用与所管理的职工人数有关，所以应该用人工费为基础计算管理费。另外，利润是劳动者为企业劳动创造的价值，与工人密切相关，所以也应该用人工费为基础计算管理费。

2. 与费用稳定性有关

管理费、利润率的费率是根据费用定额发布时期的工资单价和企业管理费历史资料为基础测算的，其费率表达了管理费和利润的水平，所以采用定额人工费为基数计算这些费用，不受后期人工单价变化影响，保持了管理费和利润的水平稳定。当社会平均劳动时间水平发生变化后，可以通过发布新的计价定额或者费用定额来调整这方面的水平；也可以在执行计价定额、费用定额时通过发布调整系数来调整人工费及管理费的水平。

3. 与鼓励提升劳动生产率有关

当鼓励企业采用先进的施工机械（如建筑机器人）提升劳动生产率时，采用人工费加机械费为基数计算管理费和利润较为合适。

10 施工图预算编制

导学

- 在实施清单计价模式之前施工图预算是基本建设管理的“宠儿”，如今也发挥着不可或缺的作用。
- 施工图预算造价的数学模型是精准编制施工图预算的方法和程序的准确表达。
- 面对复杂的施工图、繁杂的计算式、数量众多的定额项目，具有刻苦钻研、勇于吃苦、精益求精的职业品德，才能高质量完成施工图预算的编制工作，才是合格的工程造价从业者，才能为建设富强的祖国贡献自己力量。

10.1 施工图预算的概念及作用

10.1.1 施工图预算的概念

施工图预算属于定额计价范畴，是指根据施工图、计价（预算）定额、各项取费标准（费用定额）、地区人工单价、建筑安装材料单价、机械台班单价等资料编制的建筑安装工程预算造价文件。

10.1.2 施工图预算的作用

施工图预算在施工图设计阶段由设计单位编制。

在实施清单计价模式之前，施工实施阶段施工图预算由施工单位编制。此时，施工图预算是建筑企业和建设单位签订承包合同、实行工程预算包干、拨付工程款和办理工程结算的依据，也是建筑企业控制施工成本、实行经济核算和考核经营成果的依据。

在实行招投标承包制的情况下，施工图预算是建设单位确定招标控制价和建筑企业投标报价的依据。

10.2 施工图预算编制内容与依据

10.2.1 施工图预算编制内容

施工图预算编制内容由建筑安装工程费用项目文件确定。现行的施工图预算编制内容由建标〔2013〕44 号文规定的按费用构成要素划分，计算人工费、材料费、施工机具使用费、企业管理费、利润、规费和税金。

10.2.2 施工图预算编制依据

1. 施工图和施工方案

施工图和施工方案是编制施工图预算计算工程量的依据。

2. 计价定额

计价定额是编制施工图预算计算直接费的依据。

3. 费用定额

费用定额是编制施工图预算计算企业管理费、利润、规费和税金等的依据。

10.3 施工图预算编制方法与数学模型

用编制施工图预算的方法确定工程造价，一般采用下列三种方法，因此也需构建三种数学模型。

10.3.1 单位估价法

1. 单位估价法的概念

单位估价法是编制施工图预算常采用的方法，之所以称为单位估价法，是因为该方法采用了单位估价表（计价定额）来编制施工图预算。

2. 单位估价法的内容

建标〔2013〕44 号文规定的按费用构成要素划分，预算造价应计算人工费、材料费、施工机具使用费、企业管理费、利润、规费和税金。

该方法根据施工图和预算定额，通过计算分项工程量、分项直接工程费，将分项直接工程费汇总成单位工程直接工程费后，再根据措施费费率、间接费费率、利润率、税率分别计算出各项费用和税金，最后汇总成单位工程造价。

3. 单位估价法数学模型

按建标〔2013〕44 号文规定：

$$\text{预算造价}=\text{人工费}+\text{材料费}+\text{施工机具费}+\text{企业管理费}+\text{利润}+\text{规费}+\text{税金} \quad (\text{式 10-1})$$

将上式的人工费、材料费和施工机具费合并为直接费；企业管理费和规费合并为间接费，利润和税金不变，则施工图预算造价数学模型变化为：

$$\text{预算造价}=\text{直接费}+\text{间接费}+\text{利润}+\text{税金} \quad (\text{式 10-2})$$

式中 $\text{直接费}=\sum_{i=1}^{n}(\text{工程量}\times\text{定额基价})_i$

$\text{间接费}=\text{人工费}\times\text{间接费率}$

$\text{利润}=\text{人工费}\times\text{利润率}$

$\text{增值税税金}=\text{税前造价}\times\text{增值税税率}$

则单位估价法数学模型为：

$$预算造价=[\sum_{i=1}^{n}(工程量\times定额基价)_i+人工费\times间接费率+人工费\times利润率]\times(1+增值税税率)$$

10.3.2 实物金额法

1. 实物金额法的概念

实物金额法也称为实物量法，是采用消耗量定额中的人材机实物消耗量分别乘以分项工程量后汇总为单位工程直接费，然后再计算间接费、利润、税金的方法。

2. 实物金额法的计算内容

实物金额法的计算内容，包括根据分项工程工程量分别乘以消耗量定额中的人工、材料、机械台班消耗量后，归类汇总成单位工程的人工、材料、机械台班消耗量，再按分部乘以对应的人材机单价，计算出人工费、材料费、机械费，汇总为单位工程直接费，然后按照单位估价法计算出间接费、利润和税金，最后汇总为预算造价。

3. 实物金额法造价数学模型

按建标〔2013〕44号文规定：

$$预算造价=人工费+材料费+施工机具费+企业管理费+利润+规费+税金 \quad (式10\text{-}3)$$

将式10-3中的人工费、材料费和施工机具费合并为直接费；企业管理费和规费合并为间接费，利润和税金不变，则实物金额法施工图预算造价数学模型变化为：

$$预算造价=直接费+间接费+利润+税金 \quad (式10\text{-}4)$$

式中 $$直接费=\sum_{i=1}^{n}(工程量\times人工消耗量\times人工单价)_i+\sum_{j=1}^{n}(工程量\times材料消耗量\times材料单价)_j+\sum_{k=1}^{n}(工程量\times机械台班消耗量\times台班单价)_k$$

间接费=人工费×间接费率

利润=人工费×利润率

税前造价=直接费+间接费+利润

增值税税金=税前造价×增值税税率

则实物金额法数学模型为：

$$预算造价=[\sum_{i=1}^{n}(工程量\times人工消耗量\times人工单价)_i+\sum_{j=1}^{n}(工程量\times材料消耗量\times材料单价)_j+\sum_{k=1}^{n}(工程量\times机械台班消耗量\times台班单价)_k+人工费\times间接费率+人工费\times利润率]\times(1+增值税率)$$

10.3.3 分项工程完全造价法

1. 分项工程完全造价法的概念

分项工程完全造价法是以分项工程为对象，根据施工图、计价定额、费用定额等计价依据，计算完整分项工程工程造价的方法。

2. 分项工程完全造价法计算内容

建标〔2013〕44号文规定的按费用构成要素划分，预算造价应计算人工费、材料费、施工机具费、企业管理费、利润、规费和税金。

分项工程完全造价法计算内容，包括计算工程量、套用计价定额、计算定额直接费、计算间接费、计算利润、计算税金，然后汇总分项工程造价，最后将单位工程的分项工程造价汇总为单位工程造价。

3. 分项工程完全造价法数学模型

预算造价 = 人工费 + 材料费 + 施工机具费 + 企业管理费 + 利润 + 规费 + 税金　（式 10-5）

将式 10-5 中的人工费、材料费和施工机具费合并为直接费；企业管理费和规费合并为间接费，利润和税金不变，则分项工程完全造价法数学模型变化为：

分项工程预算造价 = 直接费 + 间接费 + 利润 + 税金　（式 10-6）

式中　分项工程人工费 = 工程量 × 人工消耗量 × 人工单价

$$分项工程材料费 = \sum_{j=1}^{n}（工程量 \times 材料消耗量 \times 材料单价）_j$$

$$分项工程机械费 = \sum_{k=1}^{n}（工程量 \times 机械台班消耗量 \times 台班单价）_k$$

分项工程间接费 = 分项工程量 × 人工消耗量 × 人工单价 × 间接费率

分项工程利润 = 分项工程量 × 人工消耗量 × 人工单价 × 利润率

分项工程税前造价 = 分项工程人工费 + 分项工程材料费 + 分项工程机械费 + 分项工程间接费 + 分项工程利润

增值税税金 = 分项工程税前造价 × 增值税税率

则分项工程完全造价法数学模型：

$$预算造价 = [分项工程量 \times 人工消耗量 \times 人工单价 \times（1+间接费率+利润率）+ \sum_{j=1}^{n}（工程量 \times 材料消耗量 \times 材料单价）_j + \sum_{k=1}^{n}（工程量 \times 机械台班消耗量 \times 台班单价）_k] \times（1+增值税率）$$

10.4 施工图预算编制方法

10.4.1 单位估价法编制施工图预算原理

1. 施工图预算是建筑产品特殊的定价方法

为什么说施工图预算是建筑产品特殊的定价方法呢？因为编制施工图预算需要预算定额（计价定额），那计价定额有哪些内容呢？计价定额是由若干个单位分项工程项目构成的，每个定额项目有人工、材料、机械台班实物消耗量，还有人工费、材料费、机械费和基价的货币量。

为什么定额项目是按照分项工程项目划分的呢？因为建筑安装工程都是由这些分项工程项目组合而成的。根据施工图将建筑物这些项目的工程量计算出来，然后乘以定额项目的基价，就可以得到单位工程直接费，然后才能计算出工程造价。所以编制施工图预算必须要划分分项工程项目，要有计价定额。按照分项工程项目乘以定额基价计算直接费，进而计算工程造价的方法就是施工图预算确定建筑产品造价的特殊方法。其特殊点就是要有计价定额、要计算分项工程量。

2. 施工图预算确定工程造价的基本原理

将建筑物层层分解，分解到分项工程项目，然后制订单位分项工程项目定额基价，工程量与定额基价两者相乘后，再层层汇总为单位工程直接费，然后根据费用定额计算间接费、利润和税金，就是施工图预算确定工程造价的基本原理。

10.4.2 单位估价法编制施工图预算程序

施工图预算编制程序是指编制施工图预算有规律的步骤，单位估价法编制施工图预算程序示意见图 10-1。

图中蓝色箭头所指为编制内容，与虚线箭头有关的是编制依据，黑色箭头为四部分费用汇总的示意。

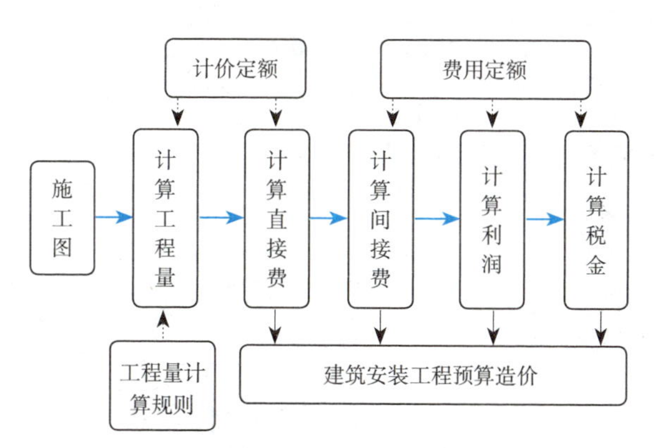

图 10-1 单位估价法编制施工图预算程序示意图

10.4.3 单位估价法施工图预算编制依据

施工图预算编制依据包括施工图、计价定额和费用定额。

1. 施工图

某工程混凝土独立基础施工图见图 10-2、图 10-3。

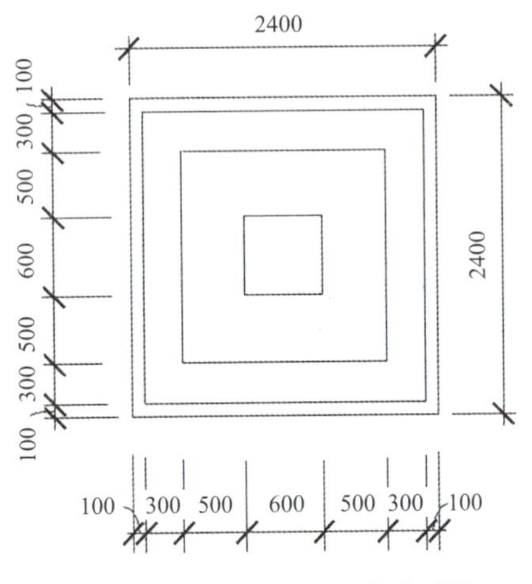

图 10-2 混凝土独立基础平面图

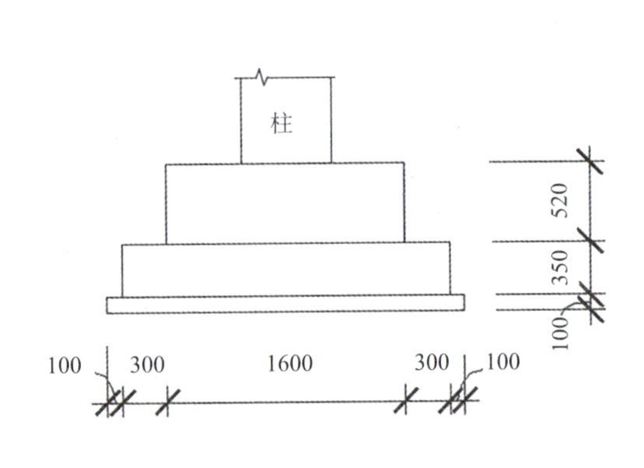

图 10-3 混凝土独立基础立面图

（三类土、基坑深 1.40m）

2. 某地区计价定额

（1）人工挖基坑土方计价定额

某地区人工挖基坑土方计价定额见表 10-1。

人工挖基坑土方计价定额 **表 10-1**

工作内容：挖土、弃土于坑边 5m 以内或装土、修正边底。 单位：$10m^3$

定额编号				1-17
项目				人工挖基坑土方
				三类土、坑深≤ 2m
基价（元）				523.05
其中	人工费（元）			523.05
	材料费（元）			
	机械费（元）			
名称		单位	单价（元）	消耗量
人工	普工	工日	165.00	3.17
	技工	工日	—	—
	高级技工	工日	—	—

（2）混凝土基础垫层计价定额

某地区混凝土基础垫层计价定额见表 10-2。

混凝土基础垫层计价定额　　表 10-2

工作内容：浇筑、振捣、养护等。　　单位：$10m^3$

定额编号				5-1
项目				混凝土垫层
基价（元）				5905.33
其中	人工费（元）			753.33
	材料费（元）			5152.00
	机械费（元）			—
名称		单位	单价	消耗量
人工	普工	工日	165.00	1.111
	技工	工日	210.00	2.221
	高级技工	工日	280.00	0.370
材料	预拌混凝土 C20	m^3	508.00	10.100
	塑料薄膜	m^2	0.15	47.775
	水	m^3	2.50	3.950
	电	kWh	1.80	2.310

（3）混凝土独立基础计价定额

某地区混凝土独立基础计价定额见表 10-3。

混凝土独立基础计价定额　　表 10-3

工作内容：浇筑、振捣、养护等。　　单位：$10m^3$

定额编号				5-5
项目				混凝土独立基础
基价（元）				6053.57
其中	人工费（元）			570.01
	材料费（元）			5483.56
	机械费（元）			—
名称		单位	单价	消耗量
人工	普工	工日	165.00	0.840
	技工	工日	210.00	1.681
	高级技工	工日	280.00	0.280

续表

名称		单位	单价	消耗量
材料	预拌混凝土 C30	m^3	542.00	10.100
	塑料薄膜	m^2	0.15	15.927
	水	m^3	2.50	1.125
	电	kWh	1.80	2.310

（4）独立基础组合钢模计价定额

某地区独立基础组合钢模计价定额见表 10-4。

混凝土独立基础模板计价定额 **表 10-4**

工作内容：模板及支撑制作、安装、拆除等。 单位：100m^2

定额编号				5-188
项目				独立基础组合钢模
基价（元）				7570.14
其中	人工费（元）			4027.85
	材料费（元）			3537.24
	机械费（元）			5.05
名称		单位	单价	消耗量
人工	普工	工日	165.00	5.938
	技工	工日	210.00	11.876
	高级技工	工日	280.00	1.979
材料	组合钢模板	kg	5.97	69.660
	枋板材	m^3	3088.00	0.095
	木支撑	m^3	3000.00	0.645
	零星卡具	kg	6.32	25.890
	圆钉	kg	9.28	12.720
	镀锌铁丝 ϕ0.7	kg	14.21	0.180
	镀锌铁丝 ϕ4.0	kg	10.60	51.990
	隔离剂	kg	5.33	10.000
	1：2 水泥砂浆	m^3	366.00	0.012
机械	木工圆锯机 500mm	台班	78.93	0.064

3. 某地区费用定额

某地区费用定额见表 10-5。

某地区费用定额　　表 10-5

序号	项目名称		计算基数	费率（%）
1	管理费		定人人工费	13.20
2	利润		定额人工费	10.50
3	措施项目	安全文明施工费	定额人工费	26.00
4		夜间施工费	定额直接费	0.51
5		二次搬运费		0.26
6		雨季施工费		0.38
7	规费	社会保险费	定额人工费	32.00
8		住房公积金		2.00
9	增值税		税前造价	9.00

10.4.4　工程量计算

1. 工程量项目确定

根据施工图中分项工程项目与计价定额项目配对，有 4 项工程量需要计算。包括基坑挖三类土土方、C20 混凝土基础垫层、C30 混凝土独立基础、混凝土基础模板。

2. 工程量计算规则

三类土挖土深度超过 1.5m 时需要放坡（本工程基坑挖土深度 1.40m，无须放坡）、按混凝土垫层四周每边放出 300mm 工作面，混凝土基础垫层和混凝土独立基础按图纸设计尺寸以立方米计算，混凝土基础与混凝土柱的分界线在基础的上表面。

3. 人工挖基坑土方工程量计算

挖 1.4m 深三类土，不放坡，按垫层四周每边放出 0.30m 工作面，见图 10-3。

V =（垫层宽 + 工作面 0.30m）×（垫层长 + 工作面 0.30m）× 基坑深 1.40m

$=(2.40+0.30\times2)\times(2.40+0.30\times2)\times1.40$

$=3.00\times3.00\times1.40$

$=12.60\text{m}^3$

4. 混凝土基础垫层工程量计算

根据图 10-2、图 10-3 计算 C20 混凝土基础垫层工程量。

V = 垫层长 × 垫层宽 × 垫层厚 $=2.40\times2.40\times0.10$

$=0.576\ \text{m}^3$

5.C30 混凝土独立基础工程量计算

根据图 10-2、图 10-3 计算 C30 独立基础工程量。

V = 基础第一层面积 × 第一层厚 + 基础第二层面积 × 第二层厚

$= (0.30 \times 2+1.60) \times (0.30 \times 2+1.60) \times 0.35 + 1.60 \times 1.60 \times 0.52$

$= 2.20 \times 2.20 \times 0.35 + 1.60 \times 1.60 \times 0.52$

$= 1.694+1.331$

$= 3.025\text{m}^3$

6. 垫层和独立基础钢模板工程量计算

根据图 10-2、图 10-3 计算混凝土基础及垫层清单工程量。

模板面积 = 混凝土基础支模接触面积 + 混凝土垫层支模接触面积

= 基础第一层台阶四周接触面积 + 基础第二层台阶四周接触面积 + 垫层四周接触面积

$S = 2.20 \times 4$ 边 $\times 0.35 + 1.60 \times 4$ 边 $\times 0.52 + 2.40 \times 4$ 边 $\times 0.10$

$= 3.08 + 3.328 + 0.96$

$= 7.368\text{m}^2$

10.4.5 套用计价定额

套用计价定额是将表 10-1 ~ 表 10-4 计价定额的定额编号、定额基价、定额人工费单价和案例工程工程量填入直接费计算表中（表 10-6）。

某工程直接费计算表　　表 10-6

序号	定额号	项目名称	单位	工程量	单价		合计	
					基价	人工	直接费	人工费
1	1-17	人工挖三类土基坑土方	m^3	12.60	52.31	52.31		
2	5-1	C20 混凝土基础垫层	m^3	0.576	590.53	75.33		
3	5-5	C30 混凝土独立基础	m^3	3.025	605.36	57.00		
4	5-188	独立基础组合钢模	m^2	7.368	75.70	40.28		
		小 计						

注：计价定额的单位是 10m^3 或 100m^2，填入表内时需要移动 1 位或 2 位小数。

10.4.6 计算直接费和人工费

表 10-7 中的工程量乘以基价得出分项工程直接费，工程量乘以人工费单价得出分项工程人工费，然后汇总为案例工程直接费和人工费。因为人工费是后续计算利润等费用的基础，所以要先计算和汇总人工费。

10.4.7 计算管理费和利润

根据表 10-7 的工程人工费和表 10-5 费用定额中的管理费费率和利润率，计算案例工程管理费和利润，见表 10-8。

某工程直接费计算表 表 10-7

序号	定额号	项目名称	单位	工程量	单价		合计	
					基价	人工	直接费	人工费
1	1-17	人工挖三类土基坑土方	m^3	12.60	52.31	52.305	659.11	659.11
2	5-1	C20 混凝土基础垫层	m^3	0.576	590.53	75.33	340.15	43.39
3	5-5	C30 混凝土独立基础	m^3	3.025	605.36	57.00	1831.21	172.43
4	5-188	独立基础组合钢模	m^2	7.368	75.70	40.28	557.76	296.78
		小 计					3388.23	1171.71

某工程管理费和利润计算表 表 10-8

序号	费用名称	计算基数	费率（%）	金额（元）
1	管理费	定额人工费（1171.71）	13.2	154.67
2	利润		10.5	123.03
	小 计			277.70

10.4.8 计算措施项目费和规费

根据定额直接费和费用定额规定的费率计算措施项目费，根据定额人工费和费用定额规定的费率计算规费，见表 10-9。

《建设工程工程量清单计价规范》规定，安全文明施工费是国家强制性条款，每一个工程必须计取。其他措施项目费根据施工组织方案确定，案例工程须计算二次搬运费等措施项目费，计算社会保险费和住房公积金。

措施项目费和规费计算表 表 10-9

序号	费用名称		计算基数	费率（%）	金额（元）
1	措施项目费	安全文明施工费	定额人工费（1171.71）	26.00	304.64
2		夜间施工费	定额直接费（3388.23）	0.51	17.28
3		二次搬运费		0.26	8.81
4		雨季施工费		0.38	12.88
小 计					343.61
5	规费	社会保险费	定额人工费（1171.71）	32.00	374.95
6		住房公积金		2.00	23.43
小 计					398.38
合 计					741.99

10.4.9 案例工程费用项目汇总与税金计算

案例工程费用项目计算、汇总与税金项目计算见表 10-10。

某工程工程预算造价计算表　　表 10-10

序号	费用名称		计算基数	费率（%）	金额（元）
1	定额直接费		见表 10-7		3388.23
2	管理费		定额人工费（1171.71）	13.2	154.67
3	利润			10.5	123.03
4	措施项目费	安全文明施工费	定额人工费（1171.71）	26.0	304.64
5		夜间施工费	定额直接费（3387.74）	0.51	17.28
6		二次搬运费		0.26	8.81
7		雨季施工费		0.38	12.88
措施项目费小计					343.61
8	规费	社会保险费	定额人工费（1171.71）	32.00	374.95
9		住房公积金		2.00	23.43
规费小计					398.38
10		增值税	税前造价（序 1 ~序 9 之和）（4407.92）	9.0	396.71
		工程预算造价	1+2+3+4+5+6+7+8+9+10		4804.63

10.4.10 案例工程施工图预算书发布

案例工程施工图预算书主要内容见图 10-4 ~ 图 10-7。

建筑工程预算书

项目名称：某建筑工程

预算造价：肆仟捌佰零叁元陆角叁分

（4804.63 元）

编制单位：××建筑工程股份有限公司

编 制 人：王××（造价工程师执业章）

2024 年 2 月 1 日

图 10-4 预算书封面

某建筑工程预算造价计算表

序号	费用名称		计算基数	费率（%）	金额（元）
1	定额直接费		见表××		3388.23
2	管理费		定额人工费（1171.71 元）	13.2	154.67
3	利润			10.5	123.03
4	措施项目费	安全文明施工费	定额人工费（1171.71 元）	26.0	304.64
5		夜间施工费	定额直接费（3387.74 元）	0.51	17.28
6		二次搬运费		0.26	8.81
7		雨季施工费		0.38	12.88
	措施项目费小计				343.61
8	规费	社会保险费	定额人工费（1171.71 元）	32.00	374.95
9		住房公积金		2.00	23.43
	规费小计				398.38
10		增值税	税前造价（序 1~序 9 之和）（4407.92 元）	9.0	396.71
		工程预算造价	1+2+3+4+5+6+7+8+9+10		4804.63

图 10-5 工程造价计算表

某建筑工程直接费计算表

序号	定额号	项目名称	单位	工程量	单价		合计	
					基价	人工	直接费	人工费
1	1-17	人工挖三类土基坑土方	m³	12.60	52.31	52.305	659.11	659.11
2	5-1	C20 混凝土基础垫层	m³	0.576	590.53	75.33	340.15	43.39
3	5-5	C30 混凝土基础	m³	3.025	605.36	57.00	1831.21	172.43
4	5-188	独立基础组合钢模	m²	7.368	75.70	40.28	557.76	296.78
		小计					3388.23	1171.71

图 10-6 直接费计算表

某建筑工程工程量计算表

序号	项目名称	计算式	单位	工程量
1	人工挖基坑土方	V=（垫层宽+工作面）×（垫层长+工作面）×基坑深 1.40m =(2.40+0.30 × 2) ×（ 2.40+0.30 × 2）× 1.40 =3.00 × 3.00 × 1.40 =12.60 m³	m³	12.60
2	C20 混凝土基础垫层	V=垫层长 × 垫层宽 × 垫层厚 =2.40 × 2.40 × 0.10 =0.576 m³	m³	0.576
3	C30 混凝土独立基础	V=基础第一层面积 × 第一层厚 + 基础第二层面积 × 第二层厚 =(0.3 × 2+1.60) ×（ 0.30 × 2+1.60 ）× 0.35 + 1.60 × 1.60 × 0.52 =2.20 × 2.20 × 0.35 + 1.60 × 1.60 × 0.52 =1.694+1.331 =3.025m³	m³	3.025
4	垫层和独立基础钢模板	模板面积=混凝土基础支模接触面积+混凝土垫层支模接触面积 = 基础第一层台阶四周接触面积+教材第二层台阶四周接触面积+垫层四周接触面积 = 2.20 × 4 边 × 0.35 + 1.60 × 4 边 × 0.52 + 2.40 × 4 边 × 0.10 = 3.08 + 3.328 + 0.96 = 7.368 ㎡	m²	7.368

图 10-7 工程款计算表

11　工程量清单编制

导学

- 工程量清单是编制招标控制价和投标报价的重要依据。
- 定额工程量的计算规则基本上包含了清单工程量的计算规则，会计算定额工程量就会计算清单工程量。
- 工程量清单的费用项目构成由《建设工程工程量清单计价规范》规定。

11.1　分部分项工程和单价措施项目清单编制

11.1.1　编制内容

单位工程工程量清单主要包括分部分项工程量清单、措施项目清单、其他项目清单和规费项目清单。

1. 编制分部分项工程量清单

分部分项工程量清单是工程量清单的主要组成部分，需要根据施工图和《房屋建筑与装饰工程工程量计算规范》确定项目、计算工程量。

2. 编制单价措施项目工程量清单

措施项目费是工程量清单的组成部分，脚手架和模板等是可以计算工程量且乘以综合单价的措施项目，所以称为单价措施项目清单。

3. 编制清单总价措施项目清单

总价措施项目是措施项目的组成部分，按照工程造价行政主管部门颁发的费用定额确定总价措施项目，例如安全施工费、文明施工费等。

4. 编制其他项目清单

其他项目清单是单位工程工程量清单的组成部分。根据《建设工程工程量清单计价规范》、地区规定和招标人要求设置清单项目，例如暂列金额项目等。

5. 规费项目清单

规费是工程量清单的组成部分，各省、市、自治区颁发的费用定额规定了社会保险费、住房公积金等规费项目。工程排污费则需要根据地区规定和工程情况确定是否计算。

6. 税金

目前，建筑业按照税法规定，以税前造价的 9% 计取增值税。税金是单位工程工程量清单的组成部分，必须计算。

11.1.2 案例工程分部分项清单工程量计算

依据施工图、《房屋建筑与装饰工程工程量计算规范》，案例工程施工图计算案例工程分部分项工程清单工程量。

1.《房屋建筑与装饰工程工程量计算规范》摘录

案例工程项目所采用的基坑土方、混凝土基础及垫层、混凝土模板工程量计算规范见表 11-1 ~ 表 11-3。

基坑土方的工程量计算规范摘录　　表 11-1

表 A.1 土方工程（编号：010101）

<table>
<tr><th>项目编码</th><th>项目名称</th><th>项目特征</th><th>计量单位</th><th>工程量计算规则</th><th>工作内容</th></tr>
<tr><td>010101001</td><td>平整场地</td><td>1. 土壤类别
2. 弃土运距
3. 取土运距</td><td>m^2</td><td>按设计图示尺寸以建筑物首层建筑面积计算</td><td>1. 土方挖填
2. 场地找平
3. 运输</td></tr>
<tr><td>010101002</td><td>挖一般土方</td><td rowspan="3">1. 土壤类别
2. 挖土深度
3. 弃土运距</td><td rowspan="3">m^3</td><td>按设计图示尺寸以体积计算</td><td rowspan="3">1. 排地表水
2. 土方开挖
3. 围护（挡土板）及拆除
4. 基底钎探
5. 运输</td></tr>
<tr><td>010101003</td><td>挖沟槽土方</td><td rowspan="2">按设计图示尺寸以基础垫层底面积乘以挖土深度计算</td></tr>
<tr><td>010101004</td><td>挖基坑土方</td></tr>
</table>

混凝土基础的工程量计算规范摘录　　表 11-2

表 E.1 现浇混凝土基础（编号：010501）

<table>
<tr><th>项目编码</th><th>项目名称</th><th>项目特征</th><th>计量单位</th><th>工程量计算规则</th><th>工作内容</th></tr>
<tr><td>010501001</td><td>垫层</td><td rowspan="5">1. 混凝土种类
2. 混凝土强度等级</td><td rowspan="6">m^3</td><td rowspan="6">按设计图示尺寸以体积计算。不扣除伸入承台基础的桩头所占体积</td><td rowspan="6">1. 模板及支撑制作、安装、拆除、堆放、运输及清理模内杂物、刷隔离剂等
2. 混凝土制作、运输、浇筑、振捣、养护</td></tr>
<tr><td>010501002</td><td>带形基础</td></tr>
<tr><td>010501003</td><td>独立基础</td></tr>
<tr><td>010501004</td><td>满堂基础</td></tr>
<tr><td>010501005</td><td>桩承台基础</td></tr>
<tr><td>010501006</td><td>设备基础</td><td>1. 混凝土种类
2. 混凝土强度等级
3. 灌浆材料及其强度等级</td></tr>
</table>

混凝土模板工程量计算规范摘录　　表 11-3

表 S.2　混凝土模板及支架（撑）（编号：011702）

项目编码	项目名称	项目特征	计量单位	工程量计算规则	工作内容
011702001	基础	基础类型		按模板与现浇混凝土构件的接触面积计算	
011702002	矩形柱				

2. 案例工程施工图

案例工程现浇 C30 混凝土独立基础及 C20 混凝土基础垫层施工图见图 10-2、图 10-3。

3. 案例工程分部分项清单工程量项目

所谓清单工程量是指依据单位工程施工图和《房屋建筑与装饰工程工程量计算规范》列项，且按照其工程量计算规范的计算规则计算的工程量，称为清单工程量。

案例工程施工图所示的分部分项工程量清单项目有四项。

（1）挖基坑土方工程量清单项目

项目编码为 010101004001（规范中 9 位编码，编制人增加 3 位编码，下同）的挖基坑土方项目，单位是 m^3。

（2）混凝土基础垫层工程量清单项目

项目编码为 010501001001 的混凝土基础垫层项目，单位是 m^3。

（3）混凝土独立基础清单项目

项目编码为 010501003001 的混凝土独立基础项目，单位是 m^3。

（4）混凝土基础及垫层模板清单项目

项目编码为 011702001001 的混凝土基础及垫层模板清单项目，单位是 m^2。

4. 挖基坑土方清单工程量计算

（1）计算规则

项目编码为 010101004 挖基坑土方的工程量计算规则为按设计图示尺寸以基础垫层底面积乘以挖土深度计算。

（2）清单工程量计算

根据图 11-1、图 11-2 和工程量计算规则计算挖基坑土方工程量。

V = 垫层面积 × 基坑深 = $2.40 \times 2.40 \times 1.40$

$=8.064m^3$

（3）定额工程量计算

挖 1.4m 深三类土，不放坡，按垫层四周每边放出 0.30m 工作面，见图 11-2。

V =（垫层宽 + 工作面 0.30m）×（垫层长 + 工作面 0.30m）× 基坑深 1.40m

$=(2.40+0.30\times2)\times(2.40+0.30\times2)\times1.40$

$=3.00\times3.00\times1.40$

$=12.60m^3$

5. 基础垫层清单工程量计算

（1）计算规则

项目编码为 010501001 混凝土基础垫层清单工程量的计算规则为按设计图示尺寸以体积计算，不扣除伸入承台基础的桩头所占体积。

（2）工程量计算

根据图 11-1、图 11-2 和工程量计算规则计算基础垫层工程量。

V = 垫层长 × 垫层宽 × 垫层厚

= 2.40 × 2.40 × 0.10

= 0.576 m^3

6. 独立基础清单工程量计算

（1）计算规则

项目编码为 010501003 的混凝土独立基础清单工程量计算规则为按设计图示尺寸以体积计算，不扣除伸入承台基础的桩头所占体积。

（2）工程量计算

根据图 11-1、图 11-2 和工程量计算规则计算混凝土独立基础工程量。

V = 第一层立方体体积 + 第二层立方体体积

= 2.20 × 2.20 × 0.35+1.60 × 1.60 × 0.52

= 1.694+1.331

= 3.025 m^3

11.1.3 案例工程单价措施项目清单工程量计算

1. 计算规则

项目编码 011702001001 的混凝土基础及垫层清单工程量计算规则，按模板与混凝土构件的接触面积计算。

2. 工程量计算

根据图 11-1 和图 11-2 计算混凝土基础及垫层模板清单工程量。

模板面积 = 混凝土基础支模接触面积 + 混凝土垫层支模接触面积

= 基础第一层基础台阶四周接触面积 + 第二层基础台阶四周接触面积 + 垫层四周接触面积

= 2.20 × 4 边 × 0.35 + 1.60 × 4 边 × 0.52 + 2.40 × 4 边 × 0.10

= 3.08 + 3.328 + 0.96

= 7.368m^2

11.1.4 案例工程分部分项和单价措施项目清单

根据案例工程施工图、《房屋建筑与装饰工程工程量计算规范》和上述计算出的工程量，编制的分部分项工程量清单见表 11-4。

分部分项工程和单价措施项目清单与计价表　　表 11-4

工程名称：某工程　　标段：　　第 1 页 共 1 页

序号	项目编码	项目名称	项目特征描述	计量单位	工程量	金额（元）		
						综合单价	合价	其中：暂估价
		A 土石方工程						
1	010101004001	挖基坑土方	1. 土壤类别：三类土 2. 挖土深度：1.40m 3. 弃土运距：无	m^3	8.064			
		分部小计						
		……						
		E 混凝土工程						
2	010501001001	混凝土垫层	1. 混凝土种类：商品混凝土 2. 混凝土强度等级：C20	m^3	0.576			
3	010501003001	混凝土独立基础	1. 混凝土种类：商品混凝土 2. 混凝土强度等级：C30	m^3	3.025			
		分部小计						
		……						
		S 措施项目						
4	011702001001	基础模板	基础类型：混凝土基础及垫层	m^2	7.368			
5	011707001001	安全文明施工		项				
		合计						

11.2 案例工程总价措施项目、其他项目和规费项目清单

11.2.1 案例工程总价措施项目清单确定

1. 计算规则

项目编码 011707001001 的安全文明施工项目包括安全施工标志和“五牌一图”等内容。其费用根据地区费用定额的规定计算。

2. 费用计算

某地区规定，安全文明施工费以定额人工费乘以规定的费率计算。

3. 案例工程总价措施项目清单

案例工程总价措施项目清单见表 11-5。

总价措施项目清单 表 11-5

工程名称：某工程 标段： 第 1 页 共 1 页

序号	项目编码	项目名称	计算基础	费率（%）	金额（元）	调整费率（%）	调整后金额（元）	备注
1	011707001001	安全文明施工费	定额人工费					
2	011701002001	夜间施工费	定额直接费					
3	011701004001	二次搬运费	定额直接费					
4	011701005001	雨季施工费	定额直接费					
		小计						

11.2.2 案例工程其他项目与规费项目清单

1. 其他项目清单

招标人规定，案例工程暂列金额为 800 元，见表 11-6。

2. 规费项目清单

招标文件规定，案例工程规费项目包括社会保险费和住房公积金，见表 11-7。

其他项目清单 表 11-6

工程名称：某工程 标段： 第 1 页 共 1 页

序号	项目名称	金额（元）	结算金额（元）	备注
1	暂列金额	800.00		
2	暂估价			
2.1	材料（工程设备）暂估价			
2.2	专业工程暂估价			
3	计日工			
4	总承包服务费			
5	索赔与现场签证			
	小计	800.00		

规费项目清单 **表 11-7**

工程名称：某工程　　　　标段：　　　　第 1 页 共 1 页

序号	项目名称	计算基础	计算费率（%）	金额（元）
1	规费			
1.1	社会保险费	定额人工费		
（1）	养老保险	定额人工费	按地区费用定额	
（2）	失业保险	定额人工费	按地区费用定额	
（3）	医疗保险	定额人工费	按地区费用定额	
（4）	工伤保险	定额人工费	按地区费用定额	
（5）	生育保险	定额人工费	按地区费用定额	
1.2	住房公积金	定额人工费	按地区费用定额	
1.3	工程排污费	按地区规定	不计取	
	小计			

11.3 案例工程工程量清单发布

案例工程工程量清单见图 11-1 ~ 图 11-5。

工程名称：某工程

招标工程量清单

招　标　人：××人工智能技术有限公司

造价咨询人：××工程造价咨询公司

2024 年 1 月 20 日

图 11-1　招标工程量清单封面

分部分项工程和单价措施项目清单与计价表

工程名称：某工程　　　　标段：　　　　第 1 页 共1页

序号	项目编码	项目名称	项目特征描述	计量单位	工程量	金额（元）		
						综合单价	合价	其中：暂估价
		A 土石方工程						
1	010101004001	挖基坑土方	1. 土壤类别：三类土 2. 挖土深度：1.40m 3. 弃土运距：无	m^3	8.064			
		分部小计						
		……						
		E 混凝土工程						
2	010501001001	混凝土垫层	1. 混凝土种类：商品混凝土 2. 混凝土强度等级：C20	m^3	0.576			
3	010501003001	混凝土独立基础	1. 混凝土种类：商品混凝土 2. 混凝土强度等级：C30	m^3	3.025			
		分部小计						
		……						
		S 措施项目						
4	011702001001	基础模板	基础类型：混凝土基础及垫层	m^2	7.368			
		合计						

图 11-2　分部分项和单价措施项目清单

总价措施项目清单

工程名称：某工程　　　　标段：　　　　　　　　　第 1 页 共1页

序号	项目编码	项目名称	计算基础	费率（%）	金额（元）	调整费率（%）	调整后金额（元）	备注
1	011707001001	安全文明施工费	定额人工费					
2	011701002001	夜间施工费	定额直接费					
3	011701004001	二次搬运费	定额直接费					
4	011701005001	雨季施工费	定额直接费					
		小计						

图 11-3　总价措施项目清单

其他项目清单

工程名称：某工程　　　　标段：　　　　　　　　　第 1 页 共1页

序号	项目名称	金额（元）	结算金额（元）	备注
1	暂列金额	800.00		
2	暂估价			
2.1	材料（工程设备）暂估价			
2.2	专业工程暂估价			
3	计日工			
4	总承包服务费			
5	索赔与现场签证			
	小计	800.00		

图 11-4　其他项目清单

规费项目清单

工程名称：某工程　　　　标段：　　　　　　　　　第 1 页 共1页

序号	项目名称	计算基础	计算费率（%）	金额（元）
1	规费			
1.1	社会保险费	定额人工费		
(1)	养老保险	定额人工费	按地区费用定额	
(2)	失业保险	定额人工费	按地区费用定额	
(3)	医疗保险	定额人工费	按地区费用定额	
(4)	工伤保险	定额人工费	按地区费用定额	
(5)	生育保险	定额人工费	按地区费用定额	
1.2	住房公积金	定额人工费	按地区费用定额	
1.3	工程排污费	按地区规定	不计取	
	小计			

图 11-5　规费项目清单

12　招标控制价编制

导学

- 招标控制价由招标人组织编制和发布。
- 招标控制价编制的数学模型是招标控制价编制方法和程序的精确表达式。
- 应实事求是按照工程造价法律法规的规定编制招标控制价。

12.1　招标控制价概述

12.1.1　招标控制价的概念

招标人根据国家或省级建设行政主管部门颁发的有关计价依据和办法，依据拟订的招标文件和招标工程量清单，结合工程具体情况发布的招标工程的最高投标限价。

招标控制价需要根据综合单价计算分部分项工程费，而综合单价中不仅包含人工费、材料费和机械费，还包括管理费和利润，这是与编制施工图预算的最大区别。

招标控制价属于清单计价模式，该模式参照了国外工程造价的费用划分方法。

12.1.2　招标控制价与投标报价

由于投标报价的编制依据、编制方法、编制内容与招标控制价编制方法基本相同，此处不再赘述。

按照规定，招标控制价根据工程量清单编制。

12.2　招标控制价编制内容与依据

12.2.1　招标控制价编制内容

1. 编制综合单价

根据分部分项工程量、《房屋建筑与装饰工程工程量计算规范》、计价定额、费用定额等，编制综合单价。

2. 计算分部分项工程费

工程量清单中分部分项工程清单工程量乘以综合单价计算出分部分项工程费。

3. 计算单价措施项目费

工程量清单中单价措施项目清单工程量乘以对应的综合单价，计算出脚手架、模板等单价措施项目费。

4. 计算总价措施项目费

根据总价工程量清单、施工方案、费用定额等依据，计算安全文明施工费等总价措施项目费。

5. 其他项目费

根据其他项目清单的内容，确定暂列金额等其他项目清单费用。

6. 计算规费

根据工程量清单中的规费项目清单，计算社会保险费等规费项目费。

7. 计算税金

根据税前造价和增值税税率计算增值税。

8. 工程造价汇总

将上述费用汇总为单位工程招标控制价。

12.2.2 招标控制价编制依据

1. 施工图与施工方案

（1）施工图

施工图是计算分部分项工程量和措施项目工程量的依据。

（2）施工方案

施工方案是确定计算基础土方运出距离或运入回填土等项目的依据。

2. 规范与定额

（1）《房屋建筑与装饰工程工程量计算规范》

分部分项工程量清单项目和单价措施项目清单项目的项目编码、计量单位、工程量计算规则等，由《房屋建筑与装饰工程工程量计算规范》规定。

（2）《建设工程工程量清单计价规范》

《建设工程工程量清单计价规范》规定，工程量清单组成内容包括分部分项工程项目、措施项目、其他项目、规费项目、税金等内容，以及通过编制综合单价的方式计算分部分项工程费和单价措施项目费的规定。

（3）计价定额

计价定额是编制综合单价的重要依据。

（4）费用定额

费用定额是编制综合单价、计算单价措施项目费、规费、税金等费用项目的依据。

（5）人工工日指导价

人工工日指导价是工程造价行政管理部门发布，调整用计价定额编制的招标控制价人工费的依据。

（6）材料指导价

材料指导价由工程造价行政管理部门发布，是调整用计价定额编制的招标控制价材料费的依据。

（7）机械台班指导价

机械台班指导价由工程造价行政管理部门发布，是调整用计价定额编制的招标控制价机械费的依据。

12.3 招标控制价编制方法

12.3.1 综合单价法

1. 综合单价法编制招标控制价数学模型

招标控制价 = 分部分项工程费 + 措施项目费 + 其他项目费 + 规费 + 税金 （式 12-1）

其中 分部分项工程费 = $\sum_{i=1}^{n}$（分部分项工程量 × 综合单价）$_i$

措施项目费=$\sum_{j=1}^{n}$(单价措施项目工程量×综合单价)$_j$+$\sum_{k=1}^{n}$(分部分项工程费×措施费率)$_k$

其他项目费 = 暂列金额等

规费 = $\sum_{m=1}^{n}$（定额人工费 × 规费费率）$_m$

招标控制价数学模型为：

招标控制价 =[$\sum_{i=1}^{n}$(分部分项工程量 ×综合单价）$_i$+ $\sum_{j=1}^{n}$(单价措施项目工程量 ×综合单价)$_j$+$\sum_{k=1}^{n}$(分部分项工程费 ×措施费率)$_k$ + 暂列金额等 + $\sum_{m=1}^{n}$(定额人工费 ×规费费率)$_m$]×（1+增值税率）

2. 综合单价法招标控制价编制程序

综合单价法招标控制价编制程序可以用图 12-1 表达。

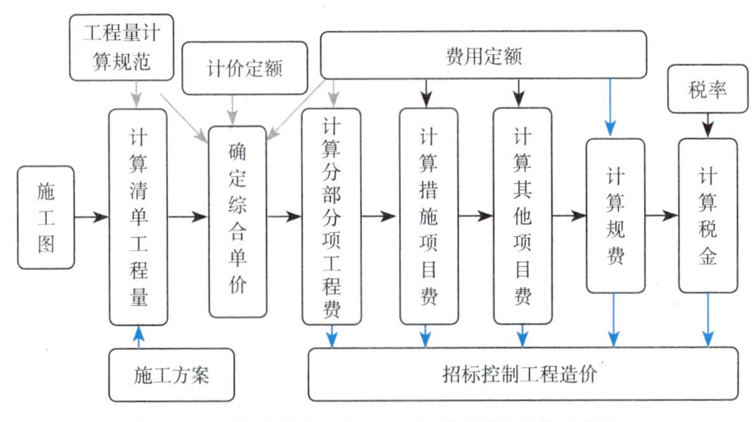

图 12-1 综合单价法招标控制价编制程序示意图

综合单价法招标控制价编制程序为：

（1）根据施工图、相关工程量计算规范和施工方案计算清单工程量；

（2）根据相关工程量计算规范、清单工程量和计价定额编制综合单价；

（3）根据分部分项清单工程量、综合单价和费用定额计算分部分项工程费；

（4）根据单价措施项目清单工程量、综合单价和费用定额计算单价措施项目费；

（5）根据相关工程量计算规范、总价措施项目清单和费用定额计算总价措施项目费；

（6）根据其他项目清单和费用定额计算其他项目费；

（7）根据规费项目清单和费用定额计算规费；

（8）根据税前造价和增值税税率计算税金；

（9）将上述费用汇总为招标控制工程造价。

12.3.2 单位估价法

1. 单位估价法编制招标控制价数学模型

招标控制价的单位估计法与综合单价法的主要不同之处有两点：①依据计价定额列项及工程量计算规则列项和计算工程量；②不编制综合单价，后面一次性计算管理费与利润。

招标控制价 = 分部分项工程费 + 措施项目费 + 其他项目费 + 规费 + 税金　（式 12-2）

其中　分部分项工程费 = 定额直接费 + 管理费 + 利润

定额直接费 = $\sum_{i=1}^{n}$（定额工程量 × 定额基价）$_i$

管理费和利润 = 定额人工费 ×（1+ 管理费率 + 利润率）

措施项目费 = $\sum_{j=1}^{n}$（措施项目工程量 × 定额基价）$_j$ + $\sum_{k=1}^{n}$（定额直接费 × 措施费率）$_k$

其他项目费 = 暂列金额等

规费 = $\sum_{m=1}^{n}$（定额人工费 × 规费费率）$_m$

招标控制价数学模型为：

招标控制价 = [$\sum_{i=1}^{n}$（定额工程量 × 定额基价）$_i$ + 定额人工费 ×（1+ 管理费率 + 利润率）+ $\sum_{j=1}^{n}$（措施项目工程量 × 定额基价）$_j$ + $\sum_{k=1}^{n}$（定额直接费 × 措施费率）$_k$ + 暂列金额等 + $\sum_{m=1}^{n}$（定额人工费 × 规费费率）$_m$] ×（1+ 增值税率）

2. 单位估价法招标控制价编制程序

单位估价法招标控制价编制程序可以用图 12-2 表达。

单位估价法招标控制价编制程序为：

（1）根据施工图和工程量计算规则及施工方案计算定额工程量；

（2）根据定额工程量和计价定额计算定额直接费，根据单价措施项目工程量和计价定额计算单价措施项目定额直接费；

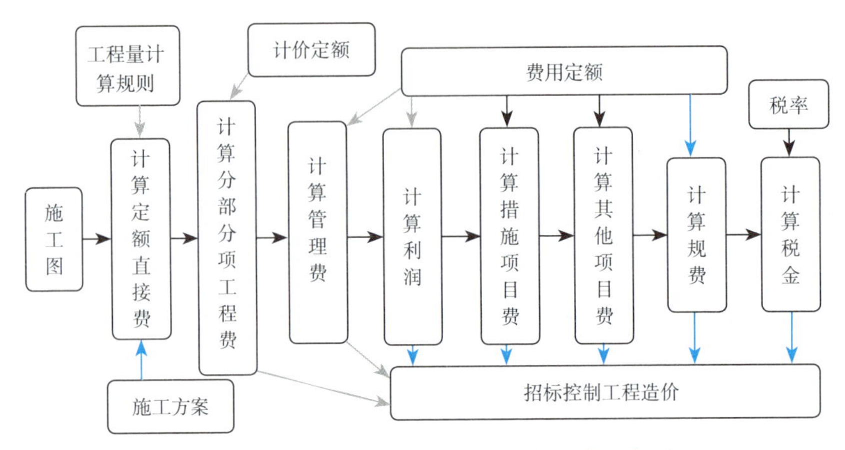

图 12-2　单位估价法招标控制价编制程序示意图

（3）根据定额人工费和费用定额计算管理费；

（4）根据定额人工费和费用定额计算利润；

（5）根据总价措施项目清单和费用定额计算总价措施项目费；

（6）根据其他项目清单和有关规定计算其他措施项目费；

（7）根据规费项目清单和费用定额计算规费；

（8）根据税前造价和增值税税率计算税金；

（9）将上述费用汇总为招标控制工程造价。

12.4　综合单价编制

12.4.1　综合单价的概念

综合单价是指完成一个规定工程量清单项目所需的人工费、材料费和工程设备费、施工机械使用费、企业管理费、利润以及一定范围内的风险费用等费用。

人工费、材料费和工程设备费、施工机具使用费是根据计价定额计算的；企业管理费和利润是根据省、市、自治区工程造价行政主管部门发布的费用定额的规定计算。

《建设工程工程量清单计价规范》规定，一定范围内的风险费主要指，投标人同一分部分项清单项目的已标价工程量清单中的综合单价与招标控制价的综合单价之比，超过 ±15% 时，才能调整此综合单价。

12.4.2　综合单价编制依据

1.《房屋建筑与装饰工程工程量计算规范》

其中砖基础项目摘录见表 12-1。

2. 某地区费用定额摘录

某地区费用定额摘录见表 12-2。

3. 某地区计价定额摘录

由于砖基础清单工程量项目的工作内容包含的砌砖基础和砂浆防潮层铺设是两个计价定额项目，所以编制综合单价要选用这两个定额。

某地区砖基础砌筑、防潮层铺设计价定额见表 12-3。

砖基础工程量计算规范摘录 **表 12-1**

表 D.1 砖砌体（编号：010401）

项目编码	项目名称	项目特征	计量单位	工程量计算规则	工作内容
010401001	砖基础	1. 砖品种、规格、强度等级 2. 基础类型 3. 砂浆强度等级 4. 防潮层材料种类	m^3	按设计图示尺寸以体积计算。 包括附墙垛基础宽出部分体积，扣除地梁（圈梁）、构造柱所占体积，不扣除基础大放脚 T 形接头处的重叠部分及嵌入基础内的钢筋、铁件、管道、基础砂浆防潮层和单个面积≤ $0.3m^2$ 的孔洞所占体积，靠墙暖气沟的挑檐不增加。 基础长度：外墙按外墙中心线，内墙按内墙净长线计算	1. 砂浆制作、运输 2. 砌砖 3. 防潮层铺设 4. 材料运输

某地区费用定额 **表 12-2**

<table>
<tr><th>序号</th><th colspan="2">项目名称</th><th>计算基础</th><th>费率（%）</th></tr>
<tr><td>1</td><td colspan="2">管理费</td><td>定额人工费</td><td>13.20</td></tr>
<tr><td>2</td><td colspan="2">利润</td><td>定额人工费</td><td>10.50</td></tr>
<tr><td>3</td><td rowspan="4">措施项目</td><td>安全文明施工费</td><td>定额人工费</td><td>26.0</td></tr>
<tr><td>4</td><td>夜间施工费</td><td rowspan="3">定额直接费</td><td>0.51</td></tr>
<tr><td>5</td><td>二次搬运费</td><td>0.26</td></tr>
<tr><td>6</td><td>雨季施工费</td><td>0.38</td></tr>
<tr><td>7</td><td rowspan="2">规费</td><td>社会保险费</td><td rowspan="2">定额人工费</td><td>32.00</td></tr>
<tr><td>8</td><td>住房公积金</td><td>2.00</td></tr>
<tr><td>9</td><td colspan="2">增值税</td><td>税前造价</td><td>9.00</td></tr>
</table>

砖基础砌筑、防水砂浆计价定额 **表 12-3**

工作内容：调、运、铺砂浆，运、砌砖。 定额单位：$10m^3$

<table>
<tr><td colspan="2">定额编号</td><td>4-1</td><td>11-97</td></tr>
<tr><td colspan="2" rowspan="2">项目</td><td>砖基础</td><td>防水砂浆</td></tr>
<tr><td>$10\ m^3$</td><td>$100m^2$</td></tr>
<tr><td colspan="2">基价（元）</td><td>7104.83</td><td>3309.47</td></tr>
<tr><td rowspan="3">其中</td><td>人工费（元）</td><td>2021.49</td><td>1891.50</td></tr>
<tr><td>材料费（元）</td><td>5053.42</td><td>1386.80</td></tr>
<tr><td>机械费（元）</td><td>29.92</td><td>31.17</td></tr>
</table>

续表

名称		单位	单价	消耗量	
人工	普工	工日	165.00	2.309	2.30
	技工	工日	210.00	6.450	7.20
	高级技工	工日	280.00	1.075	
材料	普通标准砖 240 × 115 × 53	千块	824.00	5.262	
	干混砌筑砂浆 DM M10	m^3	298.00	2.399	
	水	m^3	2.50	1.050	3.20
	1 : 2 水泥砂浆	m^3	322.00		2.07
	防水粉	kg	10.73		66.38
机械	干混砂浆搅拌机	台班	124.66	0.240	0.25

4. 综合单价分析表

编制综合单价的表格来自于《建设工程工程量清单计价规范》的规定，见表 12-4。

12.4.3　综合单价编制方法

某工程计算的砖基础项目清单工程量为 83.51m^3。由于砖基础清单工程量项目工作内容包含基础砂浆防潮层两个计价定额项目，所以计算出砂浆防潮层工程量为 4.84m^2，该工程量要加入综合单价计算。

（1）将砖基础清单工程量的项目编码、项目名称、计量单位及所在工程的工程名称填入综合单价分析表，见表 12-5。

（2）将砖基础和水泥砂浆防潮层计价定额编号、名称、定额单位填入表中。

（3）综合单价的计量单位是 m^3，所以表中砖基础的数量栏要填入 0.1，然后乘以定额单位 10m^3，其结果是 1m^3。

（4）由于该综合单价的计算主体是砖基础，防潮层是附在上面的，所以防潮层工程量要转换：$4.84m^2 \div 83.51m^3=0.058m^2/m^3$，即每立方米砖基础计量单位分摊到 0.058$m^2$ 的防潮层工程量，将此数据填入表格防潮层对应的数量位置。

（5）将两个计价定额的人工费、材料费、机械费单价（表 12-5）填入表格，注意要移动数据的小数点位置。

（6）定额人工费乘以费用定额中的管理费和利润率（表 12-2），即 $202.15 \times (13.2\%+10.5\%)=47.91$ 元 /m^3；$189.15 \times (13.2\%+10.5\%)=44.83$ 元 /m^2 填入表格。

（7）两个定额项目的数量分别乘以人工、材料、机械、管理费和利润单价，将结果填入对应的合价栏目，见表 12-5。

（8）将两个定额项目的合价加总，合计为清单项目综合单价，见表 12-5。

（9）根据两个定额的材料消耗量和对应的单价计算表 12-5 中的“材料费明细”。

综合单价分析表 **表 12-4**

工程名称： 标段： 第 页共 页

项目编码		项目名称		计量单位							
清单综合单价组成明细											
定额编号	定额项目名称	定额单位	数量	单价				合价			
				人工费	材料费	机械费	管理费和利润	人工费	材料费	机械费	管理费和利润
人工单价			小计								
元 / 工日			未计价材料费								
清单项目综合单价											
材料费明细	主要材料名称、规格、型号				单位	数量	单价（元）	合价（元）	暂估单价（元）	暂估合价（元）	
	其他材料费						—		—		
	材料费小计						—		—		

综合单价分析表 **表 12-5**

工程名称：某地段 标段： 第 页共 页

项目编码		010401001001		项目名称		砖基础		计量单位		m^3	
清单综合单价组成明细											
定额编号	定额项目名称	定额单位	数量	单价				合价			
				人工费	材料费	机械费	管理费和利润	人工费	材料费	机械费	管理费和利润
4-1	砖基础	$10m^3$	0.1	2021.49	5053.42	29.92	479.03	202.15	505.34	2.99	47.90
11-97	砂浆防潮层	$100m^2$	0.00058	1891.50	1386.80	31.17	448.29	1.10	0.80	0.02	0.26

续表

定额编号	定额项目名称	定额单位	数量	单价				合价			
				人工费	材料费	机械费	管理费和利润	人工费	材料费	机械费	管理费和利润
人工单价			小计					203.25	506.14	3.01	48.16
元 / 工日			未计价材料费								
清单项目综合单价								760.56			

材料费明细	主要材料名称、规格、型号	单位	数量	单价（元）	合价（元）	暂估单价（元）	暂估合价（元）
	普通标准砖 240 × 115 × 53	千块	0.5262	824.00	433.59		
	干混砌筑砂浆 DM M10	m^3	0.2399	298.00	71.49		
	水	m^3	0.105	2.50	0.26		
	水（3.2 × 0.00058）	m^3	0.002	2.5	0.01		
	1 : 2 水泥砂浆（2.07 × 0.00058）	m^3	0.0012	322.00	0.39		
	防水粉（66.38 × 0.00058）	kg	0.039	10.73	0.42		
	其他材料费			—	—	—	
	材料费小计			—	506.15	—	

注：砖基础管理费和利润 = 2021.49 × 23.7%= 479.09 元；
防潮层管理费和利润 = 1891.50 × 23.7%= 448.3 元。

12.4.4 某工程综合单价编制

1. 基坑土方项目计价定额

某地区基坑土方项目计价定额见表 12-6。

人工挖基坑土方计价定额　　表 12-6

工作内容：挖土、弃土于坑边 5m 以内或装土、修正边底。　　单位：$10m^3$

定额编号				1-17
项目				人工挖基坑土方
				二类土、坑深≤ 2m
基价（元）				523.05
其中	人工费（元）			523.05
	材料费（元）			
	机械费（元）			
名称		单位	单价	消耗量
人工	普工	工日	165.00	3.17
	技工	工日	—	—
	高级技工	工日	—	—

2. 基坑土方综合单价编制

根据表 11-4 某工程分部分项工程量清单、选用表 12-6 计价定额、表 12-2 某地区费用定额，编制基坑土方综合单价，见表 12-7。挖基坑土方的清单工程量为 8.064 m^3，有工作面挖基坑土方的定额工程量为 12.60 m^3。由于基坑土方的定额工程量与清单工程量不同，需要采用完全综合单价法分析综合单价。即先编制定额工程量的综合单价，然后除以清单工程量，转换为清单工程量的综合单价，见表 12-7 的综合单价计算式。

综合单价分析表 **表 12-7**

工程名称：某工程　　标段：　　第　页共　页

项目编码		010101004001		项目名称		基坑挖土方		计量单位		m^3	
清单综合单价组成明细											
定额编号	定额项目名称	定额单位	数量	单价				合价			
				人工费	材料费	机械费	管理费和利润	人工费	材料费	机械费	管理费和利润
1-17	挖基坑土方	10m^3	1.26	523.05			123.96	659.04			156.19
人工单价			小计					659.04			156.19
元 / 工日			未计价材料费				（定额直接费 =659.04）				
清单项目综合单价							（659.04+156.19）÷ 8.064 =101.10 元 659.04 ÷ 8.064=81.73（人工费）				
材料费明细	主要材料名称、规格、型号				单位	数量	单价（元）		合价（元）	暂估单价(元）	暂估合价（元）
	其他材料费						—			—	
	材料费小计						—			—	

注：管理费和利润 =523.05 × 23.7%=123.96 元。

3. 基础垫层计价定额

某地区基础垫层计价定额见表 12-8。

混凝土基础垫层计价定额 **表 12-8**

工作内容：浇筑、振捣、养护等。 单位：10 m^3

定额编号				5-1
项目				混凝土垫层
基价（元）				5905.33
其中	人工费（元）			753.33
	材料费（元）			5152.00
	机械费（元）			—
名称		单位	单价	消耗量
人工	普工	工日	165.00	1.111
	技工	工日	210.00	2.221
	高级技工	工日	280.00	0.370
材料	预拌混凝土 C20	m^3	508.00	10.100
	塑料薄膜	m^2	0.15	47.775
	水	m^3	2.50	3.950
	电	kWh	1.80	2.310

4. 基础垫层综合单价编制

根据表 11-4 案例工程分部分项工程量清单和选用的计价定额及表 12-2 某地区费用定额，编制基础垫层综合单价，见表 12-9。

综合单价分析表 **表 12-9**

工程名称：某工程　　　　标段：　　　　第　页共　页

项目编码		010501001001		项目名称		基础垫层		计量单位		m³	
清单综合单价组成明细											
定额编号	定额项目名称	定额单位	数量	单价				合价			
				人工费	材料费	机械费	管理费和利润	人工费	材料费	机械费	管理费和利润
5-1	基础垫层	10m³	0.1	753.33	5152.00		178.54	75.33	515.20		17.85
人工单价		小计						75.33	515.20		17.85

续表

元 / 工日		未计价材料费			（定额直接费 =75.33+515.20=590.53 元）			
清单项目综合单价					608.38			
材料费明细	主要材料名称、规格、型号		单位	数量	单价（元）	合价（元）	暂估单价(元)	暂估合价（元）
	预拌混凝土 C20		m^3	1.01	508.00			
	塑料薄膜		m^2	4.7775	0.15			
	水		m^3	0.3950	2.50			
	电		kWh	0.2310	1.80			
	其他材料费				—		—	
	材料费小计				512.45		—	

注：管理费和利润 =753.33 × 23.7%=178.54 元。

5. 混凝土独立基础计价定额

某地区混凝土独立基础计价定额见表 12-10。

混凝土独立基础计价定额　　表 12-10

工作内容：浇筑、振捣、养护等。　　单位：$10m^3$

定额编号				5-5
项目				混凝土独立基础
基价（元）				6053.57
其中	人工费（元）			570.01
	材料费（元）			5483.56
	机械费（元）			—
名称		单位	单价	消耗量
人工	普工	工日	165.00	0.840
	技工	工日	210.00	1.681
	高级技工	工日	280.00	0.280
材料	预拌混凝土 C20	m^3	542.00	10.100
	塑料薄膜	m^2	0.15	15.927
	水	m^3	2.50	1.125
	电	kWh	1.80	2.310

6. 混凝土独立基础综合单价编制

根据表 11-4 案例工程分部分项工程量清单和选用的计价定额及表 12-2 地区费用定额，编制独立基础综合单价，见表 12-11。

综合单价分析表　　表 12-11

工程名称：某工程　　标段：　　第　页共　页

<table>
<tr><td colspan="2">项目编码</td><td colspan="2">010501003001</td><td colspan="2">项目名称</td><td colspan="2">独立基础</td><td colspan="2">计量单位</td><td colspan="2">m^3</td></tr>
<tr><td colspan="12">清单综合单价组成明细</td></tr>
<tr><td rowspan="2">定额编号</td><td rowspan="2">定额项目名称</td><td rowspan="2">定额单位</td><td rowspan="2">数量</td><td colspan="4">单价</td><td colspan="4">合价</td></tr>
<tr><td>人工费</td><td>材料费</td><td>机械费</td><td>管理费和利润</td><td>人工费</td><td>材料费</td><td>机械费</td><td>管理费和利润</td></tr>
<tr><td>5-5</td><td>独立基础</td><td>$10m^3$</td><td>0.1</td><td>570.01</td><td>5481.17</td><td></td><td>135.09</td><td>57.00</td><td>548.12</td><td></td><td>13.51</td></tr>
<tr><td></td><td></td><td></td><td></td><td></td><td></td><td></td><td></td><td></td><td></td><td></td><td></td></tr>
<tr><td></td><td></td><td></td><td></td><td></td><td></td><td></td><td></td><td></td><td></td><td></td><td></td></tr>
<tr><td></td><td></td><td></td><td></td><td></td><td></td><td></td><td></td><td></td><td></td><td></td><td></td></tr>
<tr><td colspan="2">人工单价</td><td colspan="5">小计</td><td></td><td>57.00</td><td>548.12</td><td></td><td>13.51</td></tr>
<tr><td colspan="2">元 / 工日</td><td colspan="5">未计价材料费</td><td colspan="5">（定额直接费 =57.00+548.12=605.12）</td></tr>
<tr><td colspan="7">清单项目综合单价</td><td colspan="5">618.87</td></tr>
</table>

<table>
<tr><td rowspan="7">材料费明细</td><td>主要材料名称、规格、型号</td><td>单位</td><td>数量</td><td>单价（元）</td><td>合价（元）</td><td>暂估单价(元)</td><td>暂估合价（元）</td></tr>
<tr><td>预拌混凝土 C20</td><td>m^3</td><td>1.01</td><td>542.00</td><td>547.42</td><td></td><td></td></tr>
<tr><td>塑料薄膜</td><td>m^2</td><td>1.5927</td><td>0.15</td><td>0.24</td><td></td><td></td></tr>
<tr><td>水</td><td>m^3</td><td>0.1125</td><td>2.50</td><td>0.28</td><td></td><td></td></tr>
<tr><td>电</td><td>kWh</td><td>0.2310</td><td>1.80</td><td>0.42</td><td></td><td></td></tr>
<tr><td colspan="3">其他材料费</td><td>—</td><td></td><td>—</td><td></td></tr>
<tr><td colspan="3">材料费小计</td><td></td><td>548.36</td><td>—</td><td></td></tr>
</table>

注：管理费和利润 =570.01 × 23.7%=135.09 元。

7. 现浇混凝土基础模板计价定额

某地区现浇基础模板计价定额见表 12-12。

8. 独立基础组合钢模综合单价编制

根据表 11-4 案例工程分部分项工程量清单和选用的计价定额及表 12-2 某地区费用定额编制独立基础组合钢模综合单价，见表 12-13。

混凝土独立基础模板计价定额　　表 12-12

工作内容：模板及支撑制作、安装、拆除等。　　单位：100m²

定额编号				5-188
项目				独立基础组合钢模
基价（元）				7570.14
其中	人工费（元）			4027.85
	材料费（元）			3537.24
	机械费（元）			5.05
名称		单位	单价	消耗量
人工	普工	工日	165.00	5.938
	技工	工日	210.00	11.876
	高级技工	工日	280.00	1.979
材料	组合钢模板	kg	5.97	69.660
	枋板材	m^3	3088.00	0.095
	木支撑	m^3	3000.00	0.645
	零星卡具	kg	6.32	25.890
	圆钉	kg	9.28	12.720
	镀锌铁丝 ϕ0.7	kg	14.21	0.180
	镀锌铁丝 ϕ4.0	kg	10.60	51.990
	隔离剂	kg	5.33	10.000
	1∶2 水泥砂浆	m^3	366.00	0.012
机械	木工圆锯机 500mm	台班	78.93	0.064

综合单价分析表　　表 12-13

工程名称：某工程　　标段：　　第　页共　页

项目编码	011702001001		项目名称		独立基础组合钢模		计量单位		m²	
清单综合单价组成明细										
定额编号	定额项目名称	定额单位	数量	单价				合价		
				人工费	材料费	机械费	管理费和利润	人工费	材料费	机械费	管理费和利润
5-188	独立基础组合钢模	100m²	0.01	4027.85	3537.24	5.05	954.60	40.28	35.37	0.05	9.55

续表

定额编号	定额项目名称	定额单位	数量	单价				合价			
				人工费	材料费	机械费	管理费和利润	人工费	材料费	机械费	管理费和利润
人工单价		小计						40.28	35.37	0.05	9.55
元 / 工日		未计价材料费						（直接费 =40.28+35.37+0.05=75.70 元）			
清单项目综合单价								85.25			

材料费明细	主要材料名称、规格、型号	单位	数量	单价（元）	合价（元）	暂估单价（元）	暂估合价（元）
	组合钢模板	kg	0.6966	5.97	4.16		
	枋板材	m^3	0.00095	3088.00	2.93		
	木支撑	m^3	0.00645	3000.00	19.35		
	零星卡具	kg	0.2589	6.32	1.64		
	圆钉	kg	0.1272	9.28	1.18		
	镀锌铁丝 ϕ0.7	kg	0.0018	14.21	0.03		
	镀锌铁丝 ϕ4.0	kg	0.5199	10.60	5.51		
	隔离剂	kg	0.10	5.33	0.53		
	1 : 2 水泥砂浆	m^3	0.00012	366.00	0.04		
	其他材料费			—		—	
	材料费小计				35.37	—	

注：管理费和利润 =4027.85 × 23.7%=954.60 元。

12.5 招标控制价计算

12.5.1 分部分项工程和单价措施项目清单费计算

根据案例工程分部分项工程和单价措施项目清单（表 11-4）以及各项目对应的综合单价，计算分部分项工程和单价措施项目清单费，见表 12-14。

某工程分部分项工程和单价措施项目清单与计价表 **表 12-14**

工程名称：某工程　　标段：　　第 1 页 共 1 页

序号	项目编码	项目名称	项目特征描述	计量单位	工程量	金额（元）			
						综合单价	合价	其中定额人工费	其中定额直接费
		A 土石方工程							
1	010101004001	挖基坑土方	1. 土壤类别：三类土 2. 挖土深度：1.40m 3. 弃土运距：无	m^3	8.064	101.10	815.27	659.07	659.07
		分部小计							
		……							
		E 混凝土工程							
2	010501001001	混凝土垫层	1. 混凝土种类：商品混凝土 2. 混凝土强度等级：C20	m^3	0.576	608.38	350.43	43.39	340.14
3	010501003001	混凝土独立基础	1. 混凝土种类：商品混凝土 2. 混凝土强度等级：C30	m^3	3.025	618.87	1872.08	172.43	1831.21
		分部小计							
		……							
	分部分项工程费小计						3037.78		
		S 措施项目							
4	011702001001	基础模板	基础类型：混凝土基础及垫层	m^2	7.368	85.25	628.12	296.78	557.76
		措施费小计					628.12		
	分部分项工程费和单价措施项目费合计						3665.90	1171.67	3388.18

注：基坑土方定额人工费 = 8.064 × 81.73=659.07 元，定额直接费 = 659.07 元。
垫层定额人工费 = 0.576 × 75.33=43.39 元，定额直接费 = 0.576 × 590.53= 340.15 元。
独立基础定额人工费 = 3.025 × 57.00=172.43 元，定额直接费 = 3.025 × 605.36= 1831.21 元。
组合钢模定额人工费 = 7.368 × 40.28=296.78 元，定额直接费 = 7.368 × 75.70= 557.76 元。

12.5.2 总价措施项目费计算

根据表 11-5 案例工程总价措施项目清单、表 12-2 某地区费用定额费用定额，计算某工程总价措施项目费见表 12-15。

总价措施项目清单费计算表　　表 12-15

工程名称：某工程　　标段：　　第 1 页 共 1 页

序号	项目编码	项目名称	计算基础	费率（%）	金额（元）	调整费率（%）	调整后金额（元）	备注
1	011707001001	安全文明施工	定额人工费（1171.67 元）	26.0	304.63			
2	011701002001	夜间施工费	定额直接费（3388.18 元）	0.51	17.28			
3	011701004001	二次搬运费	定额直接费（3388.18 元）	0.26	8.81			
4	011701005001	雨季施工费	定额直接费（3388.18 元）	0.38	12.88			
		小计			343.60			

12.5.3　其他项目费计算

根据表 11-6 案例工程其他项目清单，列出的其他项目清单费暂列金额见表 12-16。

其他项目清单费　　表 12-16

工程名称：某工程　　标段：　　第 1 页 共 1 页

序号	项目名称	金额（元）	结算金额（元）	备注
1	暂列金额	800.00		
2	暂估价			
2.1	材料（工程设备）暂估价			
2.2	专业工程暂估价			
3	计日工			
4	总承包服务费			
5	索赔与现场签证			
	小计	800.00		

12.5.4　规费和税金计算

根据表 11-7 案例工程规费项目清单、表 12-2 某地区费用定额、增值税税率，计算得出案例工程规费和税金见表 12-17。

规费项目清单费和税金计算表　　表 12-17

工程名称：某工程　　标段：　　第 1 页 共 1 页

序号	项目名称	计算基础	计算费率（%）	金额（元）
1	规费			398.36
1.1	社会保险费	1171.67 元	32.00	374.93
1.2	住房公积金	1171.67 元	2.00	23.43
2	增值税	税前造价 （分部分项工程费和单价措施项目费 + 总价措施项目费 + 其他项目费 + 规费） 3037.78+628.12+343.60+800.00+398.36=5207.86 元	9.0	468.71

12.5.5 案例工程招标控制工程造价计算与汇总

1. 案例工程招标控制工程造价汇总

将上述表 12-14 ~ 表 12-17 计算内容汇总为案例工程招标控制工程造价表，见表 12-18。

某工程招标控制工程造价汇总计算表　　表 12-18

<table>
<tr><th>序号</th><th colspan="3">费用名称</th><th>计算基数</th><th>费率（%）</th><th>金额（元）</th></tr>
<tr><td>1</td><td colspan="3">分部分项工程费</td><td>见表 12-14</td><td></td><td>3037.70</td></tr>
<tr><td rowspan="6">2</td><td rowspan="5">措施项目费</td><td colspan="2">单价措施项目费</td><td>见表 12-14</td><td></td><td>628.12</td></tr>
<tr><td rowspan="4">总价措施</td><td>安全文明费</td><td>定额人工费</td><td>26.0</td><td>304.63</td></tr>
<tr><td>夜间施工费</td><td rowspan="3">定额直接费（3388.18 元）</td><td>0.51</td><td>17.28</td></tr>
<tr><td>二次搬运费</td><td>0.26</td><td>8.81</td></tr>
<tr><td>雨季施工费</td><td>0.38</td><td>12.88</td></tr>
<tr><td colspan="3">措施项目费小计</td><td></td><td></td><td>971.72</td></tr>
<tr><td>3</td><td colspan="3">其他项目费</td><td>暂列金额</td><td></td><td>800.00</td></tr>
<tr><td rowspan="2">4</td><td rowspan="2">规费</td><td colspan="2">社会保险费</td><td rowspan="2">定额人工费（1171.67 元）</td><td>32.00</td><td>374.93</td></tr>
<tr><td colspan="2">住房公积金</td><td>2.00</td><td>23.43</td></tr>
<tr><td></td><td colspan="3">规费小计</td><td></td><td></td><td>398.36</td></tr>
<tr><td>5</td><td></td><td colspan="2">增值税</td><td>税前造价（序 1 ~序 4 之和）（5207.86）</td><td>9.0</td><td>468.71</td></tr>
<tr><td></td><td></td><td colspan="2"></td><td></td><td></td><td></td></tr>
<tr><td></td><td></td><td colspan="2">招标控制造价</td><td>1+2+3+4+5</td><td></td><td>5676.57</td></tr>
</table>

2. 案例工程招标控制价分析

案例工程招标控制价为 5676.57 元，案例工程预算造价为 4804.63 元，他们之间的造价差额为 5676.57–4804.63 元 = 871.94 元，差额 871.94 是招标控制价多了暂列金额 800.00 的即含税价为 800 × 1.09 = 872.00 元（差值 0.06 元是计算误差，可忽略不计），其两种计价模式的计算结果是基本一致的。

结论是：当计算对象、计算条件相同时，定额计价模式编制施工图预算与清单计价模式编制招标控制价的计算结果是一致的，说明不管什么样的计价模式计算工程造价，其造价本质是相同的。

12.5.6 案例工程招标控制价发布

发布的案例工程招标控制价见图 12-3 ~ 图 12-11。

某建筑工程 工程

招标控制价

招标控制价（大写） 伍仟陆佰柒拾陆元伍角柒分

招标控制价（小写） 5676.57 元

招标人：＿＿＿＿＿（单位盖章）　造价咨询人：＿＿＿＿＿（单位盖章）

法定代表人或其授权人：＿＿＿＿＿（签证或盖章）　法定代表人或其授权人：＿＿＿＿＿（签证或盖章）

编制人：＿＿＿＿＿（造价人员签字盖专用章）　复核人：＿＿＿＿＿（造价人员签字盖专用章）

编制时间：　年　月　日　编制时间：　年　月　日

图 12-3　招标控制价封面

某工程招标控制工程造价汇总计算表

<table>
<tr><th>序号</th><th colspan="3">费用名称</th><th>计算基数</th><th>费率（%）</th><th>金额（元）</th></tr>
<tr><td>1</td><td colspan="3">分部分项工程费</td><td>见表 12-14</td><td></td><td>3037.70</td></tr>
<tr><td rowspan="6">2</td><td rowspan="5">措施项目费</td><td colspan="2">单价措施项目费</td><td>见表 12-14</td><td></td><td>628.12</td></tr>
<tr><td rowspan="4">总价措施</td><td>安全文明费</td><td rowspan="4">定额人工费（1171.71 元）</td><td>26.0</td><td>304.63</td></tr>
<tr><td>夜间施工费</td><td>0.51</td><td>17.28</td></tr>
<tr><td>二次搬运费</td><td>0.26</td><td>8.81</td></tr>
<tr><td>雨季施工费</td><td>0.38</td><td>12.88</td></tr>
<tr><td colspan="3">措施项目费小计</td><td></td><td></td><td>971.72</td></tr>
<tr><td>3</td><td colspan="3">其他项目费</td><td>暂列金额</td><td></td><td>800.00</td></tr>
<tr><td rowspan="2">4</td><td rowspan="2">规费</td><td colspan="2">社会保险费</td><td rowspan="2">定额人工费（1171.67 元）</td><td>32.00</td><td>374.93</td></tr>
<tr><td colspan="2">住房公积金</td><td>2.00</td><td>23.43</td></tr>
<tr><td></td><td colspan="3">规费小计</td><td></td><td></td><td>398.36</td></tr>
<tr><td>5</td><td colspan="3">增值税</td><td>税前造价（序 1 ~ 序 4 之和）（5207.86 元）</td><td>9.0</td><td>468.71</td></tr>
<tr><td></td><td colspan="3">招标控制造价</td><td>1+2+3+4+5</td><td></td><td>5676.57</td></tr>
</table>

图 12-4　招标控制工程造价汇总表

总价措施项目清单费计算表

工程名称：某工程　　标段：　　第1页共1页

序号	项目编码	项目名称	计算基础	费率（%）	金额（元）	调整费率（%）	调整后金额（元）	备注
1	011707001001	安全文明施工	定额人工费（1171.67元）	26.0	304.63			
2	011701002001	夜间施工费	定额直接费（3388.18元）	0.51	17.28			
3	011701004001	二次搬运费	定额直接费（3388.18元）	0.26	8.81			
4	011701005001	雨季施工费	定额直接费（3388.18元）	0.38	12.88			
		小计			343.60			

其他项目清单费

工程名称：某工程　　标段：　　第1页共1页

序号	项目名称	金额（元）	结算金额（元）	备注
1	暂列金额	800.00		
2	暂估价			
2.1	材料（工程设备）暂估价			
2.2	专业工程暂估价			
3	计日工			
4	总承包服务费			
5	索赔与现场签证			
	小计	800.00		

图 12-5　总价措施项目及其他项目费

规费项目清单费和税金计算表

工程名称：某工程　　标段：　　第1页共1页

序号	项目名称	计算基础	计算费率（%）	金额（元）
1	规费			398.36
1.1	社会保险费	1171.67	32.00	374.93
1.2	住房公积金	1171.67	2.00	23.43
2	增值税	税前造价 （分部分项工程费和单价措施项目费+总价措施项目费+其他项目费+规费） 3037.78+628.12+343.60+800.00+398.36=5207.86元	9.0	468.71

图 12-6　规范和税金

某工程分部分项工程和单价措施项目清单与计价表

工程名称：某工程　　标段：　　第 1 页 共 1 页

序号	项目编码	项目名称	项目特征描述	计量单位	工程量	金额（元）综合单价	合价	其中定额人工费	其中定额直接费
		A 土石方工程							
1	010101004001	挖基坑土方	1.土壤类别：三类土 2.挖土深度：1.40m 3.弃土运距：无	m^3	8.064	101.10	815.27	659.07	659.07
		分部小计							
		……							
		E 混凝土工程							
2	010501001001	混凝土垫层	1.混凝土种类：商品混凝土 2.混凝土强度等级：C20	m^3	0.576	608.38	350.43	43.39	340.14
3	010501003001	混凝土独立基础	1.混凝土种类：商品混凝土 2.混凝土强度等级：C30	m^3	3.025	618.87	1872.08	172.43	1831.21
		分部小计							
		……							
	分部分项工程费小计						3037.78		
		S 措施项目							
4	011702001001	基础模板	基础类型：混凝土基础及垫层	m^2	7.368	85.25	628.12	296.78	557.76
		措施费小计					628.12		
	分部分项工程费和单价措施项目费合计						3665.90	1171.67	3388.18

图 12-7　分部分项工程及单价措施费

综合单价分析表（一）

工程名称：　某工程　　标段：　　第　页共　页

项目编码	010101004001	项目名称	基坑挖土方	计量单位	m^3						
清单综合单价组成明细											
定额编号	定额项目名称	定额单位	数量	单价 人工费	材料费	机械费	管理费和利润	合价 人工费	材料费	机械费	管理费和利润
1-17	挖基坑土方	$10m^3$	1.26	523.05			123.96	659.04			156.19
人工单价		小　计						659.04			156.19
元/工日		未计价材料费					（定额直接费=659.04）				
清单项目综合单价							（659.04+156.19）÷8.064=101.10元 659.04÷8.064=81.73（人工费）				
材料费明细	主要材料名称、规格、型号		单位	数量			单价（元）	合价（元）		暂估单价(元)	暂估合价(元)
	其他材料费						—			—	
	材料费小计						—			—	

图 12-8　综合单价分析表（一）

综合单价分析表（二）

工程名称： 某工程 标段： 第 页共 页

项目编码	010501001001	项目名称	基础垫层					计量单位		m^3	
清单综合单价组成明细											
定额编号	定额项目名称	定额单位	数量	单价				合价			
				人工费	材料费	机械费	管理费和利润	人工费	材料费	机械费	管理费和利润
5-1	基础垫层	$10m^3$	0.1	753.33	5152.00		178.54	75.33	515.20		17.85
人工单价		小 计						75.33	515.20		17.85
元/工日		未计价材料费					（定额直接费=75.33+515.20=590.53）				
清单项目综合单价							608.38				

材料费明细	主要材料名称、规格、型号	单位	数量	单价（元）	合价（元）	暂估单价(元)	暂估合价(元)
	预拌混凝土 C15	m^3	1.01	508.00			
	塑料薄膜	m^2	4.7775	0.15			
	水	m^3	0.3950	2.50			
	电	kWh	0.2310	1.80			
	其他材料费			—		—	
	材料费小计			515.20		—	

图 12-9 综合单价分析表（二）

综合单价分析表（三）

工程名称： 某工程 标段： 第 页共 页

项目编码	010501003001	项目名称	独立基础					计量单位		m^3	
清单综合单价组成明细											
定额编号	定额项目名称	定额单位	数量	单价				合价			
				人工费	材料费	机械费	管理费和利润	人工费	材料费	机械费	管理费和利润
5-5	独立基础	$10m^3$	0.1	570.01	5481.17		135.09	57.00	548.36		13.51
人工单价		小 计						57.00	548.36		13.51
元/工日		未计价材料费					（定额直接费=57.00+548.36=605.36）				
清单项目综合单价							618.87				

材料费明细	主要材料名称、规格、型号	单位	数量	单价（元）	合价（元）	暂估单价(元)	暂估合价(元)
	预拌混凝土 C20	m^3	1.01	542.00	547.42		
	塑料薄膜	m^2	1.5927	0.15	0.24		
	水	m^3	0.1125	2.50	0.28		
	电	kWh	0.2310	1.80	0.42		
	其他材料费			—		—	
	材料费小计				548.36	—	

图 12-10 综合单价分析表（三）

综合单价分析表（四）

工程名称： 某工程 标段： 第 页共 页

项目编码	011702001001	项目名称	独立基础组合钢模					计量单位		m^2	
清单综合单价组成明细											
定额编号	定额项目名称	定额单位	数量	单价				合价			
				人工费	材料费	机械费	管理费和利润	人工费	材料费	机械费	管理费和利润
5-188	独立基础组合钢模	$100\ m^2$	0.01	4027.85	3537.24	5.05	954.60	40.28	35.37	0.05	9.55
人工单价		小 计						40.28	35.37	0.05	9.55
元/工日		未计价材料费					（直接费=40.28+35.37+0.05=75.70）				
清单项目综合单价							85.25				

材料费明细	主要材料名称、规格、型号	单位	数量	单价（元）	合价（元）	暂估单价(元)	暂估合价(元)
	组合钢模板	kg	0.6966	5.97	4.16		
	枋板材	m^3	0.00095	3088.00	2.93		
	木支撑	m^3	0.00645	3000.00	19.35		
	零星卡具	kg	0.2589	6.32	1.64		
	圆钉	kg	0.1272	9.28	1.18		
	镀锌铁丝 ϕ0.7	kg	0.0018	14.21	0.03		
	镀锌铁丝 ϕ4.0	kg	0.5199	10.60	5.51		
	隔离剂	kg	0.10	5.33	0.53		
	1:2 水泥砂浆	m^3	0.00012	366.00	0.04		
	其他材料费			—		—	
	材料费小计				35.37	—	

图 12-11 综合单价分析表（四）

13　工程造价原理核心知识

导学

- 构建了工程造价原理三大支柱理论来论述建筑产品特殊定价方法。
- 计价定额起到统一建筑产品价格水平的作用，至关重要。
- 各工程造价计价模式的计算结果殊途同归。

13.1　工程造价原理三大支柱

划分建设工程项目、划分建筑安装工程费用项目、编制计价定额是工程造价原理三大理论支柱。

建设项目划分——工程造价原理支柱之一

13.1.1　用划分建设项目的方法找到了建筑产品的共同点

用划分建设项目的方法，将千差万别的建筑物分解为共通的组成部分——分项工程项目，即任何建筑物都是由若干个分项工程组成的，找到了构建建筑产品的共同点。这一理论与方法的实现，构建了工程造价原理的第一个理论支柱。

费用项目划分——工程造价原理支柱之二

13.1.2　划分建筑安装工程费用项目体现了建筑产品的经济特性

施工生产建造的建筑物也是商品。在商品经济条件下，生产要素和消费资料的全部或大部分都要通过市场交换来获得，任何商品之间按其社会必要劳动时间决定的价值量并进行等价交换，价格是价值量的货币表现，商品价格都是由生产该商品所耗费的成本、利润和税金构成。

建筑安装工程费用项目划分的规定，体现了建筑产品这个商品的经济属性，即其价格也是由直接费、间接费、利润和税金等费用构成。建筑安装工程费用项目划分原理体现了建筑产品的经济特性，是工程造价原理的第二个理论支柱。

计价定额——工程造价原理支柱之三

13.1.3　单位分项工程项目定额基价统一了建筑产品价格水平

根据事先分解的适合构建任意分解好的构建筑物的千百个分项工程项目，再编制计价定额确定单位分项工程项目的基价。用后面各不相同的建筑物的不同分项工程工程量，乘以计价定额项目的定额基价，得出相同价格水平的建筑安装工程直接费保证和统一了建筑产品的价格水平。计价定额的设计，奠定了建筑产品特殊的计价方式的科学性，是工程造价原理的第三个理论支柱。

13.2 三大支柱的产生背景及内在联系

13.2.1 产生的背景

将建设项目层层分解到分项工程项目，解决了建筑产品的单件性的矛盾；编制单位分项工程的计价定额，统一了建筑产品的价格水平；建筑安装工程费用项目划分设计，体现了建筑产品生产的特点，实现了建筑产品商品交换的经济特性。

13.2.2 内在联系

支撑工程造价原理的三大支柱间的内在联系是：建设工程项目层层划分为分项工程项目；然后按照专业分类，以分项工程项目为定额项目单位，编制出了建筑工程计价定额、装饰工程计价定额、安装工程计价定额、市政工程计价定额等定额，用于计算建筑安装工程的人工费、材料费和机械费，即工程直接费。直接费是建筑安装工程费用的主要组成部分和基础费用，加上间接费、利润和税金就构成了完整的工程造价。

根据分项工程项目确定计价定额（子目）；根据计价定额项目确定施工图预算工程量项目；计价定额费用项目和费用定额的费用项目由建筑安装工程费用项目确定。

13.3 工程造价的定额计价模式与清单计价模式殊途同归

13.3.1 计划经济模式与定额计价模式

计划经济是根据政府计划调节经济活动的经济运行体制。一般是政府按事先制定的计划，提出国民经济和社会发展的总体目标，制定合理的政策和措施，有计划地安排重大经济活动，引导和调节经济运行方向。资源的分配，包括生产什么、生产多少，都由政府计划决定。

预算定额是计划经济的产物，用于编制施工图预算。在实施清单计价模式前，预算定额是建筑安装工程预算造价的计算依据。在计划经济年代，各省、市、自治区工程造价行政管理部门颁发预算定额后其基价是基本不变的，人工费、材料费等都是相对固定的，只有到了定额新版本发布时，才会改变定额的人工及材料单价，其定额消耗量和要素价格是“量价合一”的。

全国统一建筑工程消耗量定额

13.3.2 社会主义市场经济模式与清单计价

社会主义市场经济是指通过市场的供求、价格、竞争等机制对社会资源配置起决定作用的经济体制。市场经济是经济分工与协作的产物，作为一种经济活动，是生产社会化与现代化不可逾越的阶段。目前，计划经济仍然是国家调节市场和供应的重要手段之一。

在社会主义市场经济体制下，计价定额实施“量价分离”，即计价定额的人工、材料、机械台班等实物消耗量相对稳定，人工、材料和机械台班的单价可以根据市场变化情况进行调整。

目前，实物消耗量标准的全国消耗量定额由国家统一编制和管理，各地区根据全国统一的消耗量定额，编制地区计价定额来控制工程造价的实物消耗量，人工、材料、机械台班单价则由各地区的工程造价管理机构来确定，这是量和价在管理权限上的集中与分散分离的阶段。

下一步，实物消耗量标准消耗量定额由国家统一确定，人工、材料、机械台班单价可以由业主和承包商自主确定，这就是量和价在确定方式上的统一与自主分离的阶段。

最终，实物消耗量标准的消耗量定额和人工、材料、机械台班单价均由定额使用者自主确定。允许企业编制本企业的实物消耗量定额即企业定额，用于编制工程造价时随行就市地自主确定人工、材料、机械台班单价（或综合单价），这就是彻底意义上的市场经济体制的量价分离。

2003 年、2008 年、2013 年颁发的《建设工程工程量清单计价规范》，都有根据企业定额编制投标报价规定的条款，说明由企业编制投标报价的定额，是将来的发展方向。

13.3.3 两种计价模式可以计算出相同的造价

1. 使用同一计价定额

施工图预算确定工程造价属于定额计价模式。定额计价模式与清单计价模式都可以使用同一计价定额、人工费调整系数和材料指导价。其主要区别是，清单计价模式需要编制综合单价、有暂列金额等项目，而定额计价模式不需要编制、也没有暂列金额项目。所以，同一地区、同一工程、采用同一计价定额和费用定额，两种方法能够编制出同一工程的相同工程造价，上述施工图预算造价与招标控制价的分析，说明了这个观点。

2. 使用同一费用定额

当使用同一费用定额时，同一工程项目编制的施工图预算造价和招标控制价的工程造价可以相同，见本教材第 10 章与第 12 章的计算结果。

综上所述，工程造价的定额计价模式与清单计价模式计算工程造价殊途同归。

13.4 采用任何方式确定造价都必须基于计价定额

13.4.1 直接采用计价定额确定造价

建设项目开发与实施的五个阶段，均采用定额确定工程造价，见图 13-1。

13.4.2 间接采用计价定额确定造价

基于人工智能和数字化技术的人工估价，都是建立在历史工程造价数据库基础之上的方法，而历史工程造价数据都是根据设计概算、施工图预算、招标控制价、投标报价、工程结算等造价文件统计分析出来的，这些工程造价文件都是依据各阶段建设工程定额编制的。所以，不管采用什么人工智能、数学和统计方法确定工程造价，都是直接和间接地使用了计价定额。因此，坚持研究计价定额编制和使用方法是工程造价管理的首要任务。

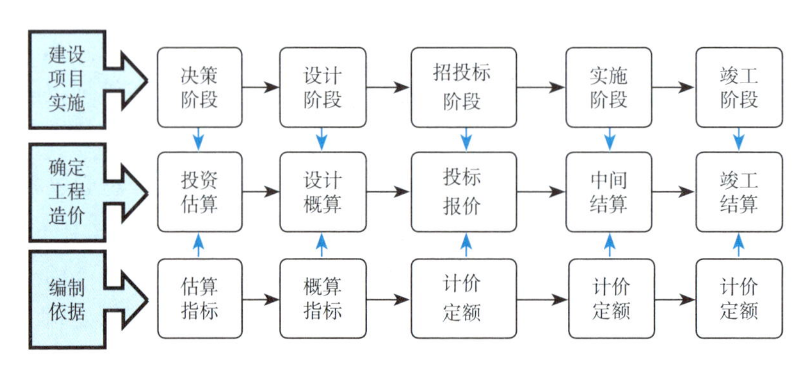

图 13-1　各阶段采用定额确定工程造价示意图

14　工程造价估算方法展望

导学

- 现代信息化技术和人工智能技术催生了数字化估价方法。
- 数字化估价方法离不开用建设工程定额及计价定额编制的工程结算等历史数据资料。
- 采用新技术努力研究计价定额的编制手段和方法，是编制定额的重要任务。

目前，确定工程造价的方法主要有两类：一是用现代技术方法和手段根据历史工程造价数据资料预测和估算工程造价；二是用各种定额计算和确定工程造价。

14.1　基于数字化技术工程估价

14.1.1　基于 BIM 技术工程估价

1.BIM 技术的概念

BIM 技术是一种应用于工程设计与建造管理的数字化工具。

BIM 技术是一种多维（三维空间、四维时间、五维成本、*N* 维更多应用）模型信息集成技术，可以使建设项目的所有参与方（包括政府主管部门、业主、设计、施工、监理、造价、运营管理、项目用户等）在项目从概念产生到完全拆除的整个生命周期内都能够在模型中操作信息和在信息中操作模型，从而从根本上改变从业人员依靠符号文字形式图纸进行项目建设、运营管理和造价管理的工作方式。

2.BIM 技术在工程造价中的应用

目前，可以应用设计的算量和计价软件，采用 BIM 模型完成工程量计算和造价计算的全部工作任务。也可以将 CAD 施工图导入建模软件建立 BIM 模型后，再计算工程量和计算工程造价。

根据算量和计价软件计算出工程量和套用费用定额，可以计算出招标控制价或者投标报价。

应用 BIM 技术计算工程量和计算工程造价，极大地提高了工程造价的计算速度和计算结果的准确性，是基于数字化技术的工程估价重要成果。

计算机建立 BIM 工程量计算模型示意，见图 14-1。

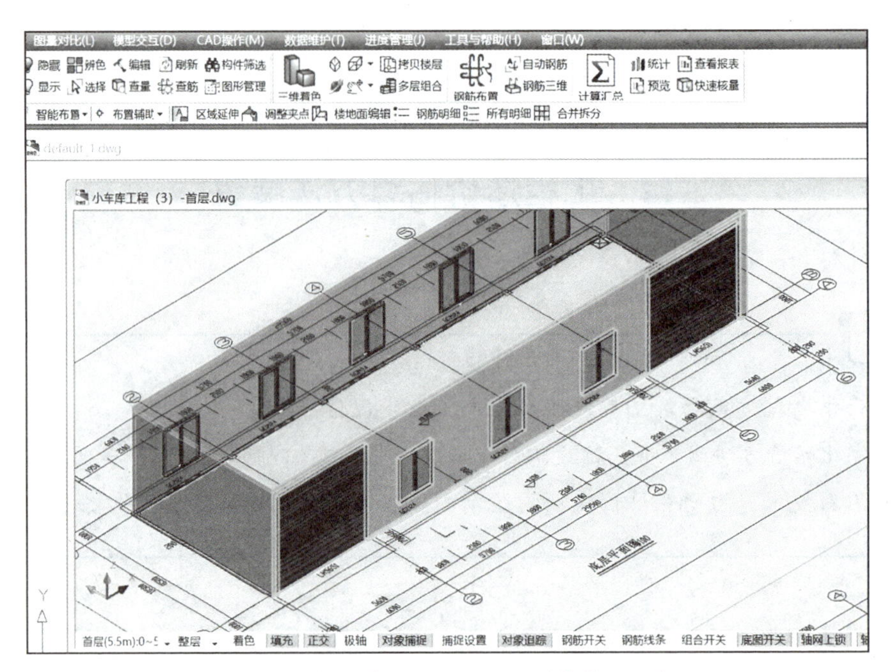

图 14-1　计算机建立 BIM 工程量计算模型示意图

14.1.2　基于人工智能的工程估价

1. 人工智能的概念

只要是人创造的，能独立思考判断的“智慧”系统，都可以被称为人工智能。

人工智能是人类智能的行为，依据人类智能生活发展的规律，通过计算机编程来运行特定的 BP 神经网络（图 14-2）等算法，完成人类某些任务的行为。

2. 人工智能工程估价

人工智能工程估价的主要做法（步骤）：

（1）确定与拟建工程相似的历史工程及工程造价数据。

（2）分解拟建工程和历史工程的工程项目特征（例如分解为单方造价、建筑面积、结构类型、层高、层数、内装饰、外装饰、室外工程等项目特征）。

（3）依据历史工程项目的特征以及工程项目工程结算相关费用统计表，分别赋予每个历史工程和拟建工程特征项目相应的隶属值。

（4）采用 BP 神经网络等算法进行迭代计算，得出样本的总体误差（E 值）。

（5）对各神经网络节点的权值进行调整与修正，进而估算出拟建工程项目工程造价。

14.1.3　基于模糊数学的工程估价

1. 模糊数学的概念

模糊数学又称 Fuzzy 数学，是研究和处理模糊性现象的一种数学理论和方法。模糊数学是一个较新的现代应用数学学科，它是继经典数学、统计数学之后发展起来的一个新的数学学科。而模糊数学则把数学的应用范围从确定性的领域扩大到了模糊领域，即

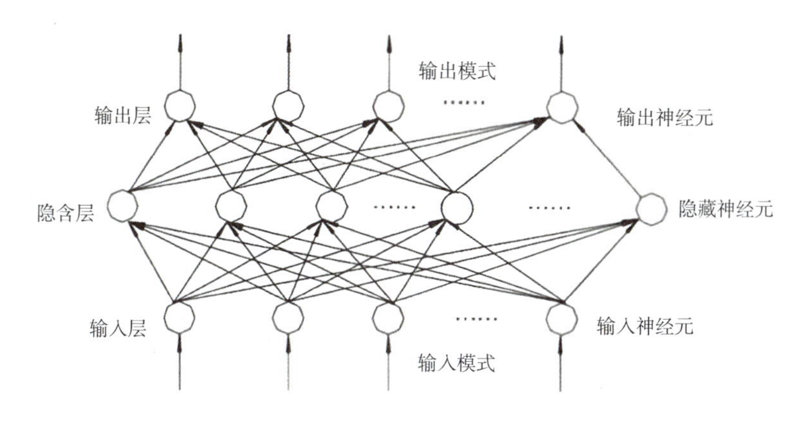

图 14-2 BP 神经网络模型图

从精确现象到模糊现象，是研究属于不确定性而又具有模糊性的量的变化规律的一种数学方法。

2. 模糊数学快速估价

应用概算指标编制概算造价的方法已经比较成熟。但是拟建工程从成千上万个概算指标的库中选择最相似工程，单凭经验无法实现最好的效果，而运用模糊数学的方法却可以做到选择拟建工程的最相似概算指标。

选择与拟建工程最匹配的概算指标工程，是解决问题的关键。而模糊数学的方法就可以做到选择最匹配工程的概算指标这一点。主要做法是：

（1）在概算指标的项目特征中提取与选择概算指标有关的项目特征。

（2）建立标准类型的特征函数。

（3）建立识别判决准则。常用的判决准则有“最大隶属度法”。

（4）采用“Hamming”贴近度计算公式或者“Euclid”贴近度计算公式，计算各概算特征指标与拟建工程项目特征的贴近度，选择贴近度最大的工程概算指标为拟建工程计算估算造价的最优概算指标。

（5）用选定的工程概算指标计算拟建工程的工程估价。

14.2 基于数字化和大数据技术定额测定方法

14.2.1 基于 Kinect 数字化技术定额测定方法

Kinect 是一款人工智能传感器（图 14-3），具有立体视觉，能结合计算机编程感知并理解世界。

通过 Kinect 获取工人劳动操作的深度信息，判断工人的工作位置，记录骨骼节点运动轨迹（图 14-4），将获得的人体不同部位肢体动作图像换为数字化信息，然后应用计算机程序（图 14-5）分析定额时间，并计算出定额时间和产品数量。

Kinect 是技术测定人工定额数据，编制技术定额的现代化、智能化工具。

图 14-3　Kinect 人工智能摄像机

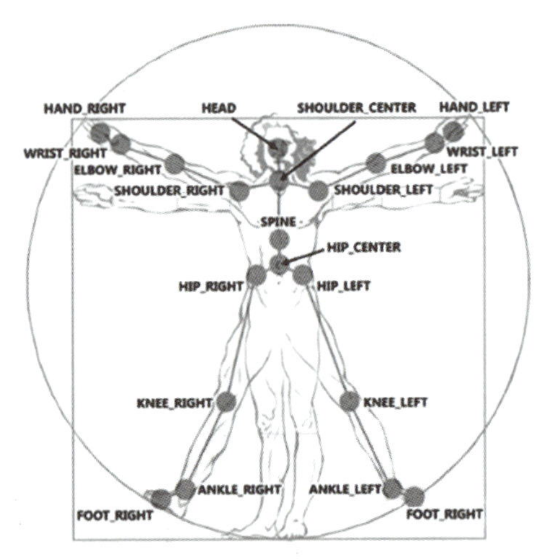

图 14-4　身体骨骼节点示意图

图 14-5　计算机程序处理人体骨骼数据

14.2.2　基于大数据定额编制方法

基于大数据可以对定额的测算方法展开研究，建立一种基于大数据的定额测算模型。

在通过深入分析原有定额编制方法适用性的基础上，结合大数据的发展，构建应用大数据编制定额的框架。

基于误差理论，分析定额消耗量系统误差、粗大误差和随机误差产生的原因；记录工人失误或工程消耗本身发生特殊情况的误差；观察地形、海拔、天气等原因的变化，可能会使定额消耗量数据产生随机误差。

建立基于卡尔曼滤波模型的数据过滤算法，对剔除粗大误差的数据组进行降噪处理，降低数据中随机误差的影响，从而提高定额测算的精度。

数据清洗分析的第一步，是判定数据组中是否存在系统误差，然后在确定不存在系统误差的前提下，运用格拉布斯准则和狄卡逊准则共同检验数据组，剔除含有粗大误差的数据，再分析使定额消耗量产生随机误差的影响因素，进而运用卡尔曼滤波模型对剩余数据进行降噪处理，得到更能反映企业水平的真实消耗水平数据，建立一套基于企业大数据的定额确定方法。

14.3 工程造价估算方法的根基

14.3.1 源于建筑产品的特性——建筑产品定价离不开计价定额

1. 建筑产品的单件性

建筑产品的单件性是指每个建筑产品都具有特定的功能和用途，即在建筑物的造型、结构、尺寸、设备配置和内外装修等方面都有不同的具体要求。即便是用途完全相同的工程项目，在建筑等级、基础工程等方面都会发生不同的情况。可以说，在实践中找不到两个完全相同的建筑产品。因而，建筑产品的单件性使得建筑物在实物形态上千差万别，各不相同。

2. 固定性

固定性是指建筑产品的生产和使用必须固定在某一个地点，不能随意移动。建筑产品固定性的客观事实，使得建筑物的结构和造型受当地自然气候、地质、水文、地形等因素的影响和制约，使得功能相同的建筑物在实物形态上仍有较大的差别，从而使得每个建筑产品的工程造价各不相同。

3. 流动性

建筑产品的固定性是产生施工生产流动性的根本原因。因为建筑物固定了，施工队伍就流动了，流动性使得施工企业必须在不同的建设地点组织施工、建造房屋。

由于每个建设地点离施工单位基地的距离不同、资源条件不同、运输条件不同、工资水平不同等，都会影响建筑产品的造价。

4. 计价定额解决了因建筑产品特性产生的价格不稳定性

由于计价定额规定了单位分项工程项目的单价，所以只要将各建筑产品统一分解到共同的分项工程项目，就可以计算出价格水平一致的工程造价。

各地区可以按照主管部门颁发的人工指导单价、材料指导单价和费用定额等文件，调整因不同建筑地点产生的价格差别，保持了地区建筑产品价格水平的一致性。

14.3.2 建筑产品定价离不开计价定额

1. 工程造价离不开计价定额

这里所说的是广义计价定额，即凡是能确定工程造价的定额都称为计价定额，包括：估算指标确定估算造价、概算指标和概算定额确定设计概算造价、单位估价表和预算（消耗量）定额确定招标控制价或投标报价、企业定额确定投标报价等。

2. 基于数字化技术工程估价离不开计价定额

基于数字化技术或者将来基于其他新技术和新方法确定工程估价，都离不开计价定额。

基于 BIM 技术的工程估价，需要建立计价定额库，用于计算工程造价；基于人工智能的工程估价，需要使用海量用计价定额编制的工程结算等历史工程造价数据资料；基于模糊数学的工程估价，需要成千上万的建立在工程结算历史数据上的概算指标工程造价数据资料。因此，不管是采用什么方法进行工程估价，都直接或者间接地离不开计价定额。

建立计算机定额库

勤劳智慧的我国古代劳动人民，在劳动中创立、发展了定额。如今在社会主义市场经济条件下，大国工匠和建设者充分发挥了定额在建设项目管理和确定工程造价中的作用，使其成为建设社会主义现代化强国，完成建设项目全过程造价管理的科学工具。计价定额是确定工程造价最核心的内容和依据，在工程造价原理中具有举足轻重的地位和作用。

参考文献

[1] （清）孙诒让 . 考工记 [M]. 北京：人民出版社，2020.

[2] （汉）张苍 . 九章算术 [M]. 天津：天津科学技术出版社，2020.

[3] （宋）李诫 . 营造法式 [M]. 梁思成，注释 . 天津：天津人民出版社，2023.

[4] （宋）李诫 . 营造法式 [M]. 萧炳良，注释 . 北京：团结出版社，2021.

[5] （苏联）Л. И. 马祖林 . 设计和预算业务 [M]. 田玉芝，等，译 . 北京：国家计委基本建设标准定额研究所，1984.

[6] 龚维丽 . 基本建设定额和预算 [M]. 北京：经济科学出版社，1984.

[7] 郝建新 . 工程造价管理的国际惯例 [M]. 天津：天津大学出版社，2005.

[8] 中华人民共和国住房和城乡建设部 . 工程造价术语标准：GB/T 50875—2013[S]. 北京：中国计划出版社，2013.

[9] 中华人民共和国住房和城乡建设部，中华人民共和国国家质量监督检验检疫总局 . 建设工程工程量清单计价规范：GB 50500—2013[S]. 北京：中国计划出版社，2013.

[10] 袁建新 . 工程造价概论 [M].4 版 . 北京：中国建筑工业出版社，2019.

[11] 袁建新 . 企业定额编制原理与实务 [M]. 北京：中国建筑工业出版社，2003.

[12] 袁建新 . 建设工程定额原理与实务 [M]. 重庆：重庆大学出版社，2021.